★ ★ ★ ★ ★ 男孩全书

男孩强大全书

[英] 史蒂夫·马丁 著
王敏 译

NANHAI
QIANGDA QUANSHU

GUANGXI NORMAL UNIVERSITY PRESS
广西师范大学出版社
·桂林·

出版统筹：施东毅
品牌总监：耿　磊
选题策划：陈显英
责任编辑：李茂军
助理编辑：刘丹亭　王芝楠
美术编辑：卜翠红
营销编辑：杜文心　钟小文
版权联络：郭晓晨
责任技编：李春林

著作权合同登记号桂图登字：20-2016-223 号

图书在版编目（CIP）数据

男孩强大全书 /（英）史蒂夫·马丁著；王敏译．—2 版．—桂林：广西师范大学出版社，2017.10（2018.11 重印）
（男孩全书）
书名原文: THE BOYS'BOOK 3: Even More Ways to be the Best at Everything
ISBN 978-7-5598-0242-2

Ⅰ．①男…　Ⅱ．①史…②王…　Ⅲ．①男性－生活－知识－少儿读物　Ⅳ．①Z228.5

中国版本图书馆 CIP 数据核字（2017）第 216273 号

广西师范大学出版社出版发行
（广西桂林市五里店路 9 号　邮政编码：541004
网址：http://www.bbtpress.com）
出版人：张艺兵
全国新华书店经销
保定市中画美凯印刷有限公司印刷
（河北省保定市西三环 1566 号　邮政编码：071000）
开本：880 mm × 1 240 mm　1/32
印张：4.125　　　字数：89 千字
2017 年 10 月第 2 版　　2018 年 11 月第 4 次印刷
定价：24.00 元

读者须知

本书的出版商和作者对于因参照本书中提供的信息而可能引起的事故或伤害不负任何责任。

要做到尽善尽美，你需要始终运用自己的常识，尤其是涉及火或者尖锐物体的时候。

一定要遵守安全警示，听从成人的建议。离开家之前要取得大人的许可，尤其是去河边或交通繁忙的路边。必须穿戴恰当的安全装备，在当地法律和法规的许可范围内行事，另外，还要多为他人考虑。

CONTENTS

目　录

如何成为专家

成为强大的人就意味着要给人留下深刻的印象，而要想让人们都觉得你是个非常非常聪明的重要人物，一个绝佳方法就是成为专家，而成为专家的最佳途径就是成为一个学科的“……学家”。

简单一点的话，你可以在学校所学课程中找一门学科，比如生物学、科学。但是如果你对这些学科都不感兴趣，那也不要紧，因为差不多每一个领域都可以成为一门学科。下面就是一些例子，可以帮你打开思路。

古生物学：研究化石。

考古学：通过搜寻与挖掘古代的遗迹和物件来研究历史。

埃及学：研究古埃及。

神话学：研究神话。

生态学：研究环境及环境中的动物和植物。

地质学：研究岩石。

鸟类学：研究各种鸟儿。

你看到了吧，“……学”听上去更能让人印象深刻，所以，如果可以告诉别人你是一个专业的“鸣钟学家”，又干吗说自己是个敲钟的呢?

选择自己的学科

如果你决定不了选哪个学科，下面的几点建议可以供你参考。

- 最让人印象深刻的学科名称是那些不经常听到的，尤其是人们又不懂它的意思的学科。比如，你可以成为一名鱼类研究学家或是一名旗帜研究学家。
- 成为有些学科的专家会比其他学科更容易一些，因为不需要什么资质。比如，“神秘动物学”是研究那些存在的或不存在的神秘动物的学科，所以如果你出门去搜寻尼斯湖水怪或是雪人，即使没有找到，你也可以称自己是一名神秘动物学家。

当然，你也可以发明一门新的学科，好让你自己的兴趣爱好听上去更重要，更有价值。但是，“吃冰激凌学”可不会让大家对你刮目相看，专家们给学科起名字都是有技巧的，他们常用古拉丁语来命名一个学科。用拉丁语中的“吃晚餐”和“冰”两个词组合一下，就是“晚餐吃冰激凌的专家”。就这样，你已经有了一个美味的专业领域了，大家准会对你的聪明才智佩服无比的。

如何让气球变色

如果拿针扎一下气球会怎样？会“砰”的一声巨响，然后气球就只剩下一些爆炸后的碎片了，对不对？那可不一定哦。下面就教教你怎样搞炸气球的同时让它神奇地变色，惊呆周围的人。

你需要用到以下物品：

- 一只红色气球、一只蓝色气球、胶带、铅笔、针。

具体方法

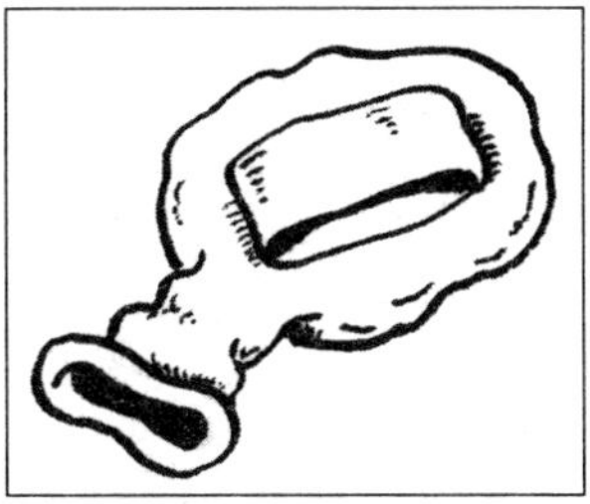

1 在蓝色气球的球身部位粘上一截环状的双面胶带。

2 将铅笔小心插入蓝色气球的颈部，接着再用铅笔一点一点地将蓝色气球塞入红色气球，然后小心地将铅笔抽出。

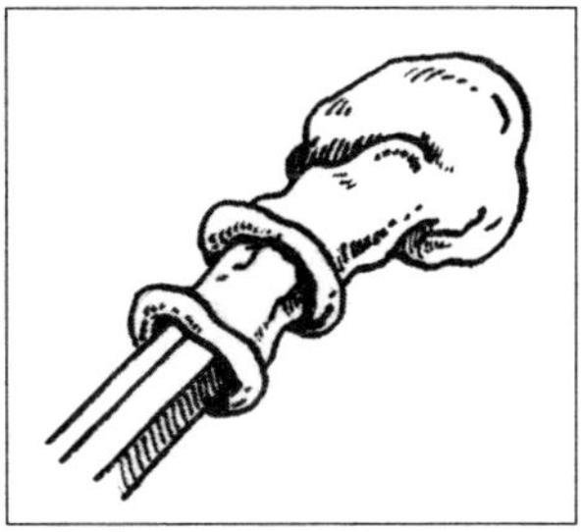

3 把蓝色气球吹起来（其实同时红色气球也就吹起来了），在开口处打个结系紧。

4 现在拿着气球站在你的观众面前，他们能看到的就只有外面那层红色气球。

5 透过红色气球，找到胶带的位置，然后用针戳这个位置。

随着一声巨响，红色气球就炸了，你手上拿着的就剩里面的蓝色气球了，但是对于观众来说，他们就会觉得红色气球突然神奇地变成了蓝色。

如何用意念移动物体

用意念来使物体移动，这个能力不仅会让你的朋友们大吃一惊，就连你自己也会惊讶不已的。因为你马上要学到的可不是戏法，是真的用意念来移动物体。

材料很简单，只需要一个摆钟和一位朋友。摆钟其实就是一条细绳，一端系上重物，不一定是钟表，什么都行，比如一串钥匙、一块橡皮泥，或者一个大头钉。不管你选什么东西，把它系在细绳的一端，你拿着另一端，两端之间要留大约 30 厘米的细绳。

摆钟做好了之后，你就可以正式开始了。

具体方法

1 让你的朋友用拇指和食指拿着细绳的上端，下端的重物自然下垂并静止。

2 告诉他你要用你的意念让绳子下端的重物动起来。

3 为了营造一种神秘的气氛，让你要做的事情给人留下更深的印象，你可以把手放在头两侧，摩擦太阳穴，眯起眼睛，做出集中精力的样子。

4 现在让重物开始转圈，你得不停地大声说出你的指令：“开始转圈……转啊转啊……转啊转啊……”一直不停地说，重物就真的开始转圈了。

5 过一会儿再换一个新的指令：“现在开始反向转……反向转反向转……反向转反向转……”你的朋友还有你自己都会惊讶地发现，重物真的慢慢按照你的指令，开始反向转了。

6 下面一个指令，让重物前后摆动。还是要大声对着重物说出你的指令：“前后摆动……前后摆动……前后摆动……”很快你就会看到重物真的遵从了你的命令，前后摆动了。

什么原理

现在，你恐怕会感觉一半惊讶一半恐惧。别担心，这些都没什么好害怕的。刚才你看到的只是心理暗示的作用。

当你给重物下指令让它怎么动时，你朋友的拇指和食指其实也跟着动他手里的绳子那端，所以重物才会按照你的指令动，只是你朋友的动作非常细微，连他自己都没有意识到自己在动。

所以说，你其实是可以用意念来移动物体的，只是你的朋友没有意识到，真正移动物体的是他的意念，而不是你的。

如何投木桩

投木桩是一个非常著名也非常重要的苏格兰高地比赛项目。使用的木桩一般是一头粗一头细的松树树干，你应该能想象得到，它是非常非常重的。参赛者要将这个巨大的木桩举起来，然后扔向空中，让它在空中翻转，然后粗的那头落地，最后才倒在地上。

自己试一试

投木桩的胜者可不是投得最远的，其实最主要的是投的方向要准确。想要赢得比赛，参赛者需要让他的木桩还在原来的投掷点落下，并且垂直落地。但是小孩子不要去尝试投掷那么大的木桩，即使你事事会、样样懂也不行。不过如果你们想要举办自己的高地比赛，那办个“投扫帚把”比赛也是一样的。和你的朋友们一起来比比，看看谁的“扫帚桩”落地的时候最直。下面是些非常有用的投掷窍门，一步一步地教你最佳的木桩投掷方法。

1 将你的扫帚把（或者差不多大小的木棒）拿到一个大的开阔的空间，检查一下周围，确认附近不会有人被你飞起来的桩子砸中。

2 弯下腰去，把桩子靠在你的肩上，使它呈垂直的方向，然后将它提起。

3 双手移到桩子的底部抱紧，手掌向上，环抱住桩子的底部。

4 将桩子举到手肘的高度，用肩膀保持它的平衡，这就是投掷的姿势了。

5 用一个短距离的助跑来慢慢聚集力量，这就叫作“助力”。

6 抱紧桩子的双手猛然向上，将你的桩子向上方偏前一点的方向投掷。

7 桩子会按照图中所示的路径飞出，然后底部朝上地落下。它应该会顶部着地，垂直地落到地面，然后才倒下去。

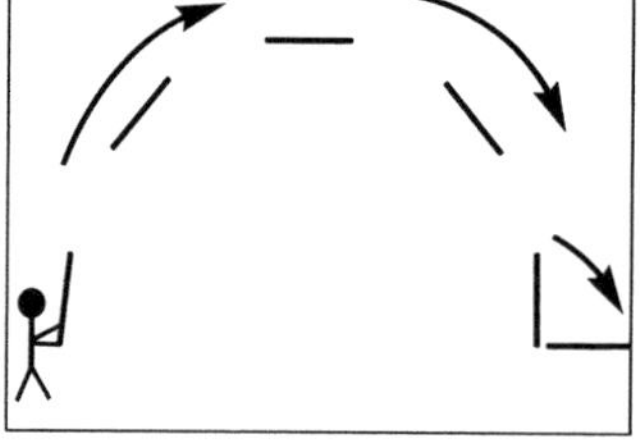

如何骗过测谎仪

好的间谍是不会泄漏任何秘密的，所以如果你被敌人抓住了，可一定要保守好你的秘密。

但是如果敌人有测谎仪，那你对他们说谎话就不一定能蒙混过去了。如果你被抓住，他们可能会在你身上连上些电线，接到测谎仪上，如果你说了谎话，仪器上就会有显示。所以，如果你要从事间谍活动，你就需要了解如何骗过测谎仪。

测谎仪测量的是身体反应，如心跳、呼吸和排汗等。盘查的人会先问你一些简单的问题，比如你的名字，然后再问一个他觉得你很可能会说谎的问题。在这期间，他会观察你说实话时和说谎时的心跳、呼吸、排汗有何变化，这些变化可以帮助他辨别你的实话与谎言。

你要做的就是让测谎仪测不准，而秘诀就是吓唬自己。在回答所有问题的时候，你都想着你最害怕的事物，什么都行，比如老鼠、蜘蛛，如果你恐高，那就想象你正在高处。这样一来，你对每一个问题的反应都是压力值升高，不管是真的紧张还是被自己吓的，仪器可分不清楚原因，这样一来它测出来的结果就不准了。

如何成为牛仔骑马竞技明星

你好啊，朋友！你想参加牛仔骑马竞技吗？如果你够勇敢，又有点儿疯狂，那就准备好吧，牛仔，准备好骑上烈马吧！

如今所说的牛仔骑马竞技活动始于 19 世纪，那个时候美国大西部农场上的牛仔们可以通过把牛群赶到一起去比试来展示他们的能力。现在，牛仔竞技活动成了一项竞争激烈的运动，男女牛仔要尽力待在不停弓背跃起又后腿直立的马背上不掉下来，以此来赢得大额奖金。

上马吧，牛仔

首先，你得给自己找一匹马或一头牛。如果你不喜欢骑牛，那就还是找匹马吧，而且这匹马还得是不习惯被人骑的。先把马拴在竞技场旁边的围栏（也叫作斜槽）里，让它保持平静，直到你要骑它上场。在围栏里的时候，你就要检查好马鞍、马镫和缰绳是否都系紧了，这些可都是你要用到的东西。

现在左脚踩住左边的马镫，左手抓住马鞍，将身体向马身上拉，右腿跨过马身，踩住右边的马镫。按照规则，你只能单手拉缰绳，这让人感觉好像牛仔骑马竞技活动并没有那么难似的。

围栏的门打开了，你就可以入场了。你一骑上马，它就会弓起背，跳起来，试图把你甩下去。

你要做的就是抓紧。如果你能在马背上待 8 秒，你就算完成了这次活动。骑的时候动作要漂亮，因为你的得分主要是根据你骑得好不好来判的，最终得分最高的参赛者获胜。一只手（不用拉缰绳的那只手）高举到空中会让你看起来很酷。

一定要注意，不用拉缰绳的那只手千万不要碰到马，因为这样你就会被取消参赛资格了。

你要试着在马弓背和站立之间找到节奏，然后跟着这个节奏摆动身体来保持平衡。可以常常喊一喊，“咿哈！”“上马吧，牛仔！”，这样虽然不会让你加分，但是很好玩。

最后，如果你能成功地待在马背上完成比赛，就会有一位

接骑手骑马到你的身旁帮助你下马。

如果你技艺超群，最终以最高分赢得了比赛，那么就要恭喜你了，你不仅将获得一些奖金，还有一个奖品，它不是奖杯，而是一个更诱人的银质雕花牛仔皮带扣。

牛仔的谈吐

在谈吐上像一个牛仔骑马竞技明星也是很重要的，下面的一些术语可以给你一些帮助。

啃泥：被甩下马来。

烈马：还没有被驯服的马，就是还没有被训练好被人骑的马。

跳高者：通过跳得很高来试图把你甩下来的马。

新手：刚参加这项骑马竞技活动，没有经验的参赛者。

如何吓唬你的朋友

这个方法简单又有效，即使是你胆子最大的朋友，也准会被吓得两腿打战的。下面就来看看该怎么做吧。

你需要用到以下物品：

- 一个小硬纸盒、一把剪刀、棉花、番茄酱、左手中指。

具体方法

1 在纸盒底部挖一个洞，不要太大，你的手指可以塞进去就行了。

2 将纸盒里装满棉花。

3 接着，在洞边的棉花上撒一些番茄酱。

4 然后，把手指从洞里伸进去，放在棉花上。看上去很可怕，对不对？

5 拿起纸盒，放在左手手掌上。

现在你就可以去开心一下了。告诉你的朋友盒子里有一截断指。当然，你的朋友是一定不会相信的，他认为肯定是你从玩具店里买了一个塑料手指来吓人。那就让他摸摸看，他肯定会笑着抓住那截手指，一边还想着你真是愚蠢，竟然以为他会上这么简单的当。

于是，当他摸到那截手指，感觉到那是真的有血有肉的人指时，准会吓得跳起来，惊慌失措。

如何赢得诺贝尔奖

既然要成为最强大的人，那就应该瞄准最高等的奖项——诺贝尔奖。它始于 1901 年，专门颁发给那些在物理、化学、医学、文学、经济学和世界和平方面做出了突出贡献的人。

一位名叫阿尔弗雷德·诺贝尔的瑞典科学家拿出他自己的一部分财富，成立了这个奖项。诺贝尔发明了炸药，赚了很多钱。他进行了多年的试验，其间还炸死了好几个人，包括他的弟弟。下面这些方法和建议可以引导你一步步走向这个著名的奖项。

锁定奖项

- 在学校里就要努力学习。这可能会有些枯燥乏味，但是别担心，有了目标之后感觉就会好一些。
- 你的目标是要成为一名科学家，或作家，或经济学家，或和平工作者（很可惜，没有诺贝尔足球奖）。
- 窍门在这里：你要做点特别的事情。对于科学方面的奖项来说，你最好能发明或者发现点什么，而且是要有点实用价值的。研制出一种疾病的特效药就很好，而发明一个钟表发条钉修剪器就不太可能让你引起人们的关注。不管你发明什么，可一定不要在试验的时候伤害到任何人，包括你自己。

- 对于文学奖项来说，你得写出一些精彩的书来。要坚持阅读，看看你喜欢的作家们都写些什么，从他们那里找找灵感。
- 如果你能想出一些新的理论，来解释货币体系是怎样运转的，或者应该怎样运转，那诺贝尔经济学奖就非你莫属了。

赢得诺贝尔和平奖的最佳途径就是去找到一场战争并阻止它。这个事情可不容易，但是和其他诺贝尔奖项比起来，它要做的作业量可能少很多。

接下来呢

- 你还要等别人为你提名，而且很可惜，你不能找最好的朋友来为你提名，提名的人必须是著名科学家或大学教授这样的大人物。
- 然后就是等电话。电话通常会在对外宣布奖项结果之前打过来。
- 带上你的护照和一些暖和的衣服（颁奖典礼在每年的12月份），坐上飞机去瑞典的斯德哥尔摩。
- 接受奖项。每个诺贝尔奖得主都会获得一张诺贝尔奖获奖证书，一块奖牌（是用真金做的哦）和奖金（在写作本文的时候，奖金已达10000000瑞典克朗，约合7695000元人民币）。

- 尽情享受荣耀和良好的自我感觉吧。

当然，你如果真想炫耀，就不要满足于一次诺贝尔奖。波兰科学家玛丽·居里就获得过两次诺贝尔奖，她的丈夫获得过一次，她的女儿艾琳获得过一次，她的另一个女儿的丈夫也获得过一次。

如何抵抗作业忧郁症

放学回家，甩下书包，你想要在今天余下的时间里好好玩一玩，但是问题来了，你还有作业啊。一想到作业就让你心情不爽，你知道你得按时做完它，也知道做完它需要很长时间。

好了，不用再烦恼了。学会了下面的作业快速完成技巧，你就可以尽情地享受你的放学时光了。

立即开始

写作业其实并不像你想象的那样耗时，只是有些人会人为地延长写作业的时间。他们在写作业之前会收拾收拾书包，削削铅笔，或者整理整理书桌，做很多和作业毫无关系的事情。因为收拾书包以及在作业本封面涂涂色这些事情看上去像是在做正事，但是却比做正事简单得多。

最好的作业快速完成方法就是从书包中掏出作业本，然后立即开始做作业，不要分散精力。只需尝试一次，你就会惊喜地发现，你做作业的时间缩短了一半。

实用做作业技巧

- 不要一整晚都把作业摊在桌上等着你，要定好一个固定的写作业时间，可以是你一放学回到家，也可以是晚饭前，或者是晚上，你自己决定一个最适当的时间。不管是什么时间，一旦确定，那每次有作业都要坚持在这个时间去写。

- 另一个实用技巧就是完成作业之后给自己一些奖励。想象一下你有哪些很喜欢做的事情，但作业写完之后才可以去做。如果你喜欢电脑游戏，那作业做完之后就奖励自己 30 分钟的游戏时间吧。

如何弄明白小狗的意思

虽然小狗不会说话，但这并不意味着你没法弄明白它们的意思。狗是由狼演化而来的，喜欢聚在一起，也就是群居。它们也需要和群体内其他成员交流，以表达自己的需求，搞清谁说了算。

如今很多狗都和人类生活在一起，对它们来说，周围的人类要不就是它们群体的成员，要不就是它们群体的威胁，所以它们会用和其他小狗交流的方式来和人类交流，而它们交流的主要方式就是使用身体语言。

下面是一张非常实用的《狗与人》交流表，可以帮助你理解你的小狗朋友。

动作	意思
把身体的一部分放到你身上，比如把爪子放到你腿上	我是老大，要听我的
用爪子轻拍你	你是老大，听你的
躺下来看着你	你是老大，听你的
翻过身来，让你摸肚皮	你是老大，听你的
趁你不在撕咬东西	我好伤心，你竟然留下我独自在家
前爪放在地上，两条前腿向前伸展，屁股高高撅起	我想玩
眼睛睁大，目光机警，嘴唇松弛，或舌头垂在外面	我很开心
躺下来，尾巴敲击地面	我很开心
发出持续的低吼	我警告你，我要发火了
露出牙齿低吼	我要咬人了
头竖起来歪向一边	嗯，好有趣啊

如何制作时间囊

也许穿越到未来不太可能实现，但你仍然可以告诉未来的人，现在的生活是什么样子的，方法就是做一个时间囊。

时间囊其实就是一个容器，里面装上可以代表现代生活的物品，然后密封起来，埋到地下，留待以后的人来发掘。现在就教你怎样做一个时间囊。

你需要用到以下物品：

- 一个大的带盖子的塑料储物箱、封口胶带、一支记号笔。
- 一些可以代表你的生活的物品、三明治包装袋。

里面要放什么

选择一些物品放进时间囊，好让发现它的人能了解你的生活是什么样子的。要选一些能突显你个性的物品，同时还要选一些普通的能代表现今生活的物品。

- 给未来的发现者写一封信，告诉他你是谁，平时爱做些什么。
- 一张埋时间囊那天的报纸。
- 一本你最爱的漫画书。

- 你去过的一场非常激动人心的活动的门票，比如一场盛大的音乐会的门票。
- 度假照片，或是你和你朋友的照片。
- 还有任何对你来说很重要的东西，比如收藏卡、你画的画，或者可以反映出你的兴趣的杂志上的插图。

该怎样做

1 用记号笔在盒盖上清楚地写下大大的一行字“2050 年以前不要打开”（你也可以选个其他的时间）。

2 把你选好的物品分开单独装到塑料的三明治包装袋里，保护好它们，然后放入盒中关好盒盖，用封口胶带把盒子密封好。

3 在你家院子里找个地方，把你的时间囊埋好，等待未来有人将它挖掘出来。不过，在你开始在美丽的花园里挖洞以前，记得要跟父母说一下并取得他们的许可。

4 一旦你把时间囊埋到地下，你可能很快就会忘了这回事。为了确保你的时间囊在未来的某一天能够被人发现，你最好在某个地方放置一个提醒。比如，你可以写个寻找说明，然后把它塞到地板下面，或贴到衣柜背后的墙上。

如何止住鼻血

突然发现鼻子在不停地流血可是件很吓人的事情，不过，通常流鼻血并不痛，也不会有危险，所以没有什么好怕的。如果你发现自己在流鼻血，不要慌张，按照下面的步骤做，鼻血很快就会止住了。

- 很多人在发现自己流鼻血时都会向后仰头，其实正好相反，头应该向前。血是要往下流的，如果你仰起头，血就会流到喉咙里，那滋味可不好受。所以，如果你在流鼻血，就舒舒服服地坐好，身体前倾。
- 捏住鼻孔上方一点的位置，阻止鼻子里的血流动，这样鼻子里的血就会逐渐凝固了，不过你要捏住鼻子至少 10 分钟才会有这个效果。
- 另一只手拿一块凉毛巾或一个冰袋敷鼻子侧面。鼻子流血通常都是由于鼻子里面的毛细血管破裂引起的，冷敷鼻子部位可以使毛细血管收缩，血就会停止了。
- 当你放手以后，鼻血应该就会停住了。如果还没停的话，那你就要再捏住鼻子，这次可能就需要捏的时间更长一点儿了。
- 鼻血停止以后，你可能会感觉鼻塞，想要擤鼻子，这时千万要忍住。如果你这时候擤鼻子，就会把鼻子中凝固的血块冲开，那鼻血就会再次流出。而且后面的几个小时里都要避免奔跑或进行其他体育活动。如果你按照这些方法做了，鼻血却止不住，那就要告诉你的父母，尽快带你去看医生了。

如何吹迪吉里杜管

学校里的酷小子们都弹吉他，你妈妈想让你学钢琴，老师们又会有其他建议。其实，你可以不用管他们的意见，为什么不去学学吹迪吉里杜管呢？

迪吉里杜管是澳大利亚土著（澳大利亚最早的居民）经常使用的一种乐器，也是世界上最古老乐器中的一种。听起来也许让人难以置信，迪吉里杜管其实是昆虫制作的。这个乐器是用里面早已被澳大利亚白蚁蛀空成桉树的树枝做成的，当树枝被蛀的厚度刚好适合做迪吉里杜管的时候，澳大利亚土著就会把树枝砍下来。

也许你并没有真的迪吉里杜管可以吹奏，但是你仍然可以练习吹奏的技巧。你可以用包装纸卷中间的长硬纸卷筒来当你的临时迪吉里杜管。吹奏迪吉里杜管最重要的技巧就是控制好

它的蜂鸣声，可不是上课的时候老师发出的那种“嗡嗡”的声音，而是迪吉里杜管发出的那种连续的较大的“嗡嗡”的鸣响。

具体方法

1 跪在地上，将迪吉里杜管放在面前。一只手拿住它，管嘴放在你的唇边，管子的另一端放在地上。后背挺直，这样你的迪吉里杜管和地面就形成了大约 45 度角。

2 在试着吹响迪吉里杜管之前，要确保唇部放松，如果唇部太紧绷，那吹出来的就会是很难听的“呜呜”声。要多多练习放松唇部的运动，你可以试着模仿一匹马，学着发出马嘴部喷气时的声音。

3 唇部放松练习好了之后，就可以开始吹迪吉里杜管了。将迪吉里杜管嘴放进嘴里，双唇包紧管口，向管里吹气，同时，唇部要一直保持放松状态。如果你做得没错的话，你就应该找到了最佳吹奏点，就会吹出一种低沉又洪亮的蜂鸣声。这种蜂鸣声是你演奏音乐的基础，所以你要吹出长长的连续音。

循环换气

除非你的肺活量真的非常非常大，否则你一定会上气不接下气的。所以，你需要学习迪吉里杜管吹奏者们的循环换气技巧。深呼吸，在气息用完之前存一些空气到两腮。

用鼻子深呼吸，同时将两腮的空气吹入管中，使鸣响声不停顿。

这样你就可以无需停顿换气就开始下一轮深呼气吹奏了。学会循环换气可不是一件容易的事，所以如果你一时半会儿学不会也不用担心，多多练习。不管什么时候，如果你感到头昏，就立刻停下来休息一下，休息好再接着练。

音乐大师

现在你的蜂鸣音应该已经吹得很好了，该要给你的吹奏加点儿变化了。舌头敲打上腭，反复不停地做发字母“D”的口形舌位，同时还要不停地吹奏你的蜂鸣音。这个技巧就叫作“袋鼠跳”，它能给你的音乐增加一些节奏。

如果你想改变吹奏出来的声音的音高，可以试试在吹奏的时候放松或绷紧双唇，同时舌尖抵住上腭。这样就可以产生一系列不同的声音了。

如何用筷子吃饭

人们在使用筷子用餐时常犯的最大的错误，就是夹菜的时候两根筷子一起动，这样做只会让食物从筷子中间滑掉。使用筷子时应该让一根筷子不动，另一根筷子移动。刚开始练习的时候也许并不容易，但若坚持练习，很快你就会赢得其他用餐者羡慕的目光了。下面就教你该怎么使用筷子。

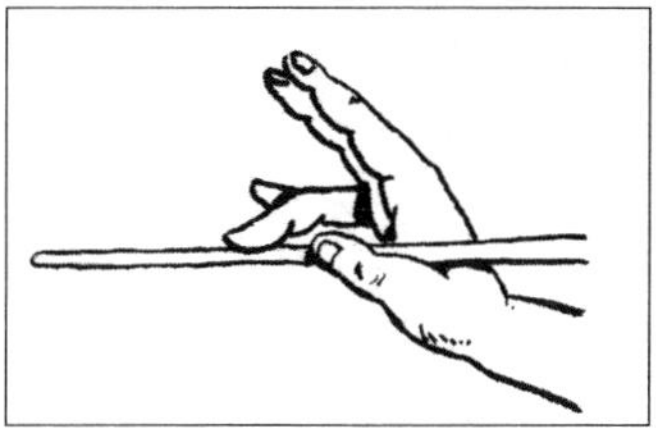

1 先拿好第一根筷子，把它放在你的拇指根部，无名指扶住筷子较细的一边。就是这根筷子在夹菜的时候要保持不动。

2 用你的拇指和食指拿住第二根筷子，就和你拿铅笔的方法一样，筷子较细的一端向下，手指和较细的筷子头之间要保持大约 6 厘米的距离。现在保持第二根筷子在上、第一根筷子在下的位置，将两根筷子像用钳子一样往一起捏。

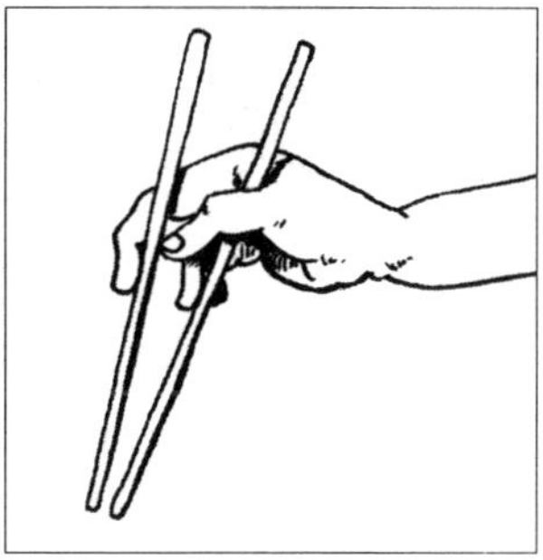

轻松吃米饭

如果是吃米饭，那么用筷子夹起米粒要用很长时间，所以这就需要第二项技能了。

用上面介绍的方法拿住筷子，这次筷子前面的两头之间稍留一点空隙。两根筷子都不要动，你只需要用它们舀起米饭就可以了。吃饭的时候你可以把盘子或饭碗端起来放到离嘴近一点的位置。

当然，不是任何东西都可以用筷子吃的。如果你用新学到的筷子使用方法去喝汤或者吃冰激凌，那不管你怎么熟练，都会弄得一团糟。

如何做一个水上滑道

夏天到了，你坐在公园里，头顶烈日，梦想着此时能在水上乐园该多好。好吧，如果你不能去水上乐园，那干吗不自己做一个呢？要做一个好玩的水上滑道其实很快很简单，只用有一个大而空旷的地方，例如野外、停车场，或者一个大的花园。

你会需要用到以下物品：

- 一大卷塑料布（五金店里可以买得到）。
- 一个水龙头或者几桶水、洗涤液。

具体方法

1 仔细检查地面，确保要做滑道的地方没有石头或其他尖锐突出的东西。

2 打开那卷塑料布，要注意滑道前面还要留出助跑的地方，空间要足够大，不要撞到别人。

3 用水龙头向塑料布上喷水，或者把桶里的水倒上去也行。再往塑料布上倒一些洗涤剂，来增加滑动力。

现在就可以来玩了。先助跑，然后不要停，直接用坐姿开始滑，接着可以仰面躺在滑道上向前滑。如果你胆子大些，还可以尝试全程都站着向前滑，但是一定要特别小心，因为站着很难保持身体的平衡。不管你怎样滑，一定要确保滑道的尽头没有障碍，这样你才能安全着陆。

如何让硬币穿过桌子

把硬币塞进桌子，让它看上去就像是直接穿桌而过，这是一个快速易学又让人印象深刻的小把戏，而且你可以随时随地表演，因为道具很简单，只需要一枚硬币和一张桌子就行了。最佳的表演时机还是在吃午饭或晚饭的时候，那会儿大家都坐在桌子边上。

具体方法

1 坐在桌边，右手拿着硬币，左手放在腿上。

2 举起右手，将硬币用力地拍向桌面，同时右手盖住硬币。接着将手滑向桌子边缘，变成握拳的姿势，看上去就像是你把硬币握在手心里了。

3 当你把右手滑到桌子边缘的时候，让硬币掉落到你的腿上，所以你的坐姿就很重要了，你要两腿并拢，不要让硬币掉到地上。

4 接着举起右手，仍然保持握拳。现在其实硬币已经不在你的手里了，但是观众们以为它还在你手里。

5 当观众都注意你的右手的时候，你要用左手从腿上拿起硬币，放在桌子下面你的右手马上要跟桌子接触的位置。

6 右手用力拍向桌面，快要接触到桌面的时候手掌展开摊平。在右手接触桌面的同时，用左手和手中的硬币一起向上拍桌子的底面。这个把戏的关键就是硬币敲击桌面的声音，时机要和右手配合好。

7 在大家的注目下抬起右手，让他们看看，硬币不见了，不在你手里，也不在桌面上。

8 把左手从桌子下面拿出来，向观众们展示硬币。对于一头雾水的观众来说，他们看到的就是硬币穿过桌子掉到你的左手里了。

如何赢得环法自行车赛

环法自行车赛是全世界最艰难的赛事之一，如果你想成为一个样样都出色的男子汉，那环法自行车赛是个不错的挑战。在三周的时间里，世界顶级的自行车赛车手要骑大约3500千米，有时一天要骑200多千米，还要越过欧洲一些崎岖可怕的山脉。如果你想超过他们，那下面的一些建议你就要记牢了。

1 不要作弊！1903年第一届环法自行车赛的冠军是毛瑞斯·盖利，在他到达终点线的时候获得了人们的热烈欢迎。第二年他又一次获得了冠军，人们却发现他是偷偷地乘了火车才第一个到达终点的，因此他被剥夺了冠军称号。

2 食量大如牛，确切地说，要食量大如两头牛。参赛的自行车手所消耗的能量比普通人要多3倍，所以，自行车手的早餐一般包括两大碗麦片粥、大量水果、4个煎鸡蛋，还有一大碗意大利面。

3 不要指望赢了之后能获得什么奇妙的奖品。赢家获得的奖品是运动衫，总冠军获得的是黄色运动衫，最佳年轻骑手获得的是白色运动衫，山地之王（山地赛段骑得最快的车手）获得的是红色波点运动衫。还有一些奖金，但是一般获胜者都会把奖金分给他的队友。

训练技巧

为了赢得环法自行车赛，或者任何其他你想要参加的自行车赛事，适当的训练是非常重要的。好好学习下面的技巧，让自己成为真正的自行车赛车手之星吧。

- 要确保你的自行车的车座高度合适，在倾斜车身时你的脚要能够得着地面。
- 骑行安全很重要。每次骑车的时候都要记得戴头盔。环法赛大部分的骑行路段都是公路，但是你在训练时不要一个人单独训练，也千万不要骑上交通繁忙的公路。最佳的也是最轻松有趣的安全骑行训练方式就是参加当地的骑行俱乐部。
- 开始的时候不要长距离骑行，要循序渐进，等你能够轻松骑行 3 千米的时候，再尝试 5 千米。

- 长距离骑行时要记得经常喝水。骑行可能会引起脱水，也就是体内水分不足。
- 要记住，环法自行车赛是一项比赛，如果你想

有机会赢，那就要注意速度以及耐力。骑的时候要时不时地冲刺，每次冲 30 秒。

- 找找附近的山路，去练习使用车子的变速装置。如果使用得当，那上坡的时候你也可以保持同样的速度而不会减速。另外，有上坡必然有下坡，所以练习下坡的技巧也很重要。下坡的时候上身要放松，在转弯之前就要开始减速，以避免车子侧滑。

如何打开椰子

没有什么能比清凉的椰奶和白色椰肉的美味更能代表热带的味道了。如果你身在热带岛屿天堂，正觉得有点饿，那你就需要具有打开椰子、品尝里面的美味的技能了。下面就教给你这个技能。

1 首先，要用手把椰子外面的那层须剥掉。

2 仔细查看椰子，你会发现 3 个小硬币大小的黑斑，这些就是椰子上的柔软部位。用一个尖锐的棒子戳通其中的两个洞，然后把椰子拿起来，把里面的椰汁倒到容器里。

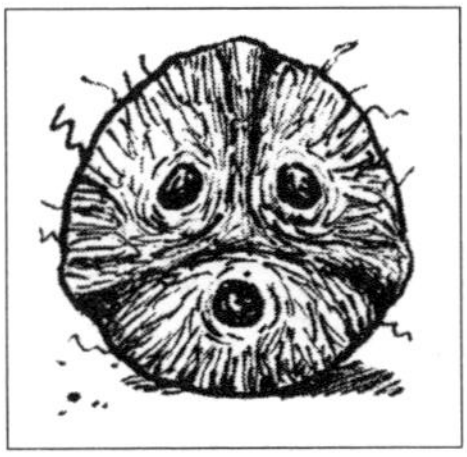

3 在最上面的两个黑斑中间有一条线，叫作“中缝”，沿着中缝找到椰子壳的中间部位，然后沿着中间点想象一条线，绕着椰子最粗的部位一周。

4 找一块石头，沿着这条想象的中分线使劲地砸椰子，很快椰子就会被砸开分成两半了。

5 椰子砸开以后你就可以小心地把壳内的白色椰肉刮下来，如果椰肉没有发酸或者腐烂，你就可以尽情地享受美味了。

如何做一套吓人的道具服

有很多场合都需要一套吓人的服装，所以你应该要学学如何用简单的方法制造一种恐怖的效果。

你需要用到以下物品：

- 白色和黑色的脸部油彩、一个扫帚把。
- 两张薄卡片（两张麦片包装纸也可以）。
- 一小罐银喷漆（可以让一个成年人去帮你买，或者用灰色广告颜料也可以）、一支笔、胶带。

具体方法

1 将麦片包装纸抚平，在上面画上镰刀刀片的形状，要注意两张纸上画的形状和大小都要一样，然后将它们剪下来。

2 把剪下来的这两个形状铺在报纸上，如图，将它们背靠着背放好。用银喷漆把两个镰刀刀片的形状喷涂均匀。注意，你要在通风良好的地方喷漆，而且喷的时候要伸直手臂，离脸部尽量远一些。

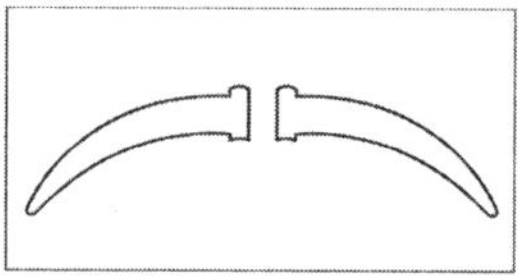

3 喷的漆会干得很快，但是要确保它们完全干透，不然的话那两个刀片就会粘到报纸上。把它们晾 30 分钟左右，让漆干透。

4 然后就要用到扫帚把了。把做好的可怕的镰刀刀片用胶带缠到扫帚把的顶端，两面各粘一片，多用一点胶带，粘牢一点。

收尾工作

你已经做好了道具服的主要配件，现在该轮到服装的部分了。死神穿的是带帽子的黑色长袍。或许你或者你的家人刚好有一件黑色外套可以用。如果没有，那用黑毯子从头上罩下来也行，腰上系个带子，领部用一个别针固定位置。

最后，用白色油彩把脸和双手涂成白色，再用黑色油彩把眼睛和嘴巴周围涂黑。现在，你就可以去吓人了。

如何扔飞盘

总有些技能可以让人显得又酷又帅又引人注目，而扔飞盘就是一种这样的技能。学会扔飞盘很重要，这样沙滩上的人或者公园里的人都会相信你就是一个又酷又厉害的人。

要想扔好飞盘，只要做好三件事——握住飞盘、挥舞手臂、扔出飞盘。

注意：下面的方法都是针对使用右手的人，如果你是左撇子，只需要颠倒一下下列方法中的左右方向就行了。

握住飞盘

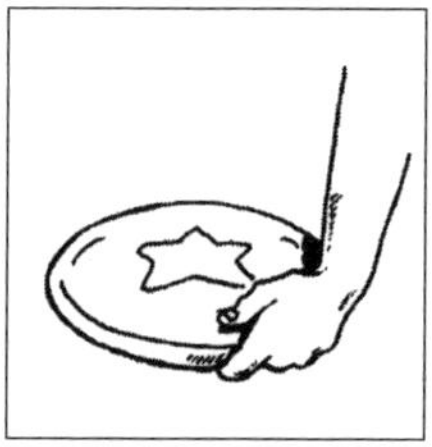

用手掌握住飞盘的边缘，手指抓住边缘附近，拇指在飞盘上面。手腕向内微微弯曲，朝向身体。

挥舞手臂

手臂要越过身体，也就是说，你要用右手握住飞盘，然后右臂越过胸前，让飞盘到你身体的左侧。

扔出飞盘

向外挥动手臂，当你的右手臂和身体约呈 45 度角的时候扔出飞盘。要用手腕的力量快速扔出，正是你的手腕给飞盘提供了飞出去的动力。

扔飞盘的窍门

- 眼睛看着接飞盘的人，不要看着飞盘。
- 飞盘扔出去的时候要保持水平，这很重要，不要让飞盘倾斜向下，或者向左、向右偏。
- 动作要优美流畅，没有必要太使劲，太使劲就有可能会让飞盘方向有偏差。

如何轻松学会九九乘法

花上几个小时去背乘法表真是件枯燥乏味的事情，但是下面有一种简单易学的方法，学会了这个方法，九九乘法就再也难不倒你了。你只需要伸出双手，手掌向内。

1×9：把 1 号手指（就是左手的拇指）弯下，它的右边还有 9 个手指，所以得数是 9。

2×9：拇指伸开，弯下 2 号手指，在它的左边有一个手指（就代表十位数的位置上是 1），右边有 8 个手指（代表个位上的数字）。所以，答案就是十位上的 1 和个位上的 8——18。

3×9：弯下 3 号手指，它的左边有两个手指（代表十位数的位置上是 2），右边有 7 个手指（代表个位上的数字）。所以，答案就是十位上的 2 和个位上的 7——27。

4×9：弯下 4 号手指，它的左边有 3 个手指，右边有 6 个手指，所以答案就是 36。

5×9：弯下 5 号手指，它的左边有 4 个手指，右边有 5 个手指，所以 5×9 得数是 45。

6×9：弯下 6 号手指，它的左边有 5 个手指，右边有 4 个手指，所以 6×9 得数是 54。

7×9：弯下 7 号手指，它的左边有 6 个手指，右边有 3 个手指，所以得数就是 63。

8×9：弯下 8 号手指，它的左边有 7 个手指，右边有两个手指，所以得数就是 72。

9×9：弯下 9 号手指，它的左边有 8 个手指，右边有一个手指，所以得数就是 81。

10×9：弯下最后一个手指，那它的左边有 9 个手指，右边就没有手指了，所以 10×9 得数是 90。

很简单，对吗？不过可惜，你的手指头只有10个，不够用了，所以最后两个你还是要自己记住，11×9=99，12×9=108。但是你以后就再也不用怕算 9 和 10 以内的数相乘了。

如何像高手一样洗牌

洗牌可并不仅仅意味着在打牌之前把牌弄乱顺序这么简单，它还是你向朋友炫技，给他们留下深刻印象的一个好机会。下次你再打牌的时候，不要再像往常那样洗牌了，可以试试鸽尾式洗牌法。这种洗牌法看上去很难，所以才会让你的朋友们印象深刻，而且稍加练习就可以做得很好。

具体方法

1 把牌平分成两摞，你只需要大概分得平均就可以了，没有必要数出相同的张数。

2 左手拿起一摞牌，拇指拿住牌的上端，中指拿住牌的下端。

3 右手拿起另一摞，方法和左手一样。

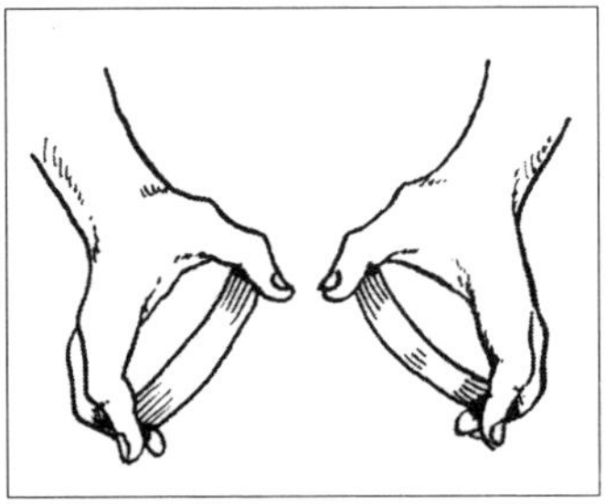

4 把两只手中的牌头朝下拿着，挨在一起，稍稍离开桌面。

5 食指关节抵住牌的背面，让两摞牌弯曲。如有必要，把牌斜靠在桌面上。

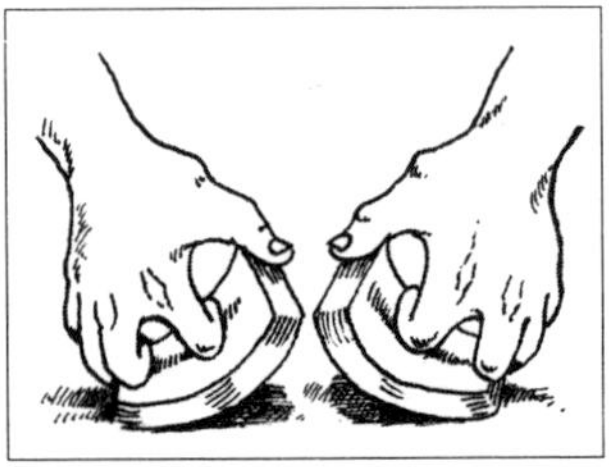

6 下面的动作就需要一些练习才能做得好了。拇指慢慢弯曲，将手中的牌释放出来，盖向桌面。牌要慢慢放下来，左手的牌一盖上桌面，右手的牌就压在左手放下的牌上面，让两手放下的牌交叉在一起，就这样一直到所有的牌都放到了桌面上，全都混杂在了一起。

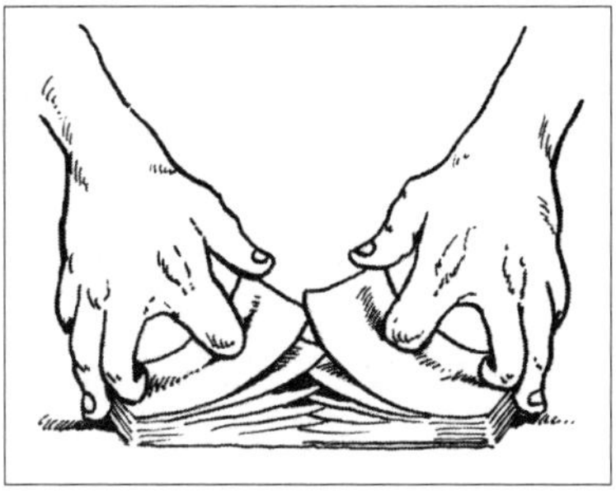

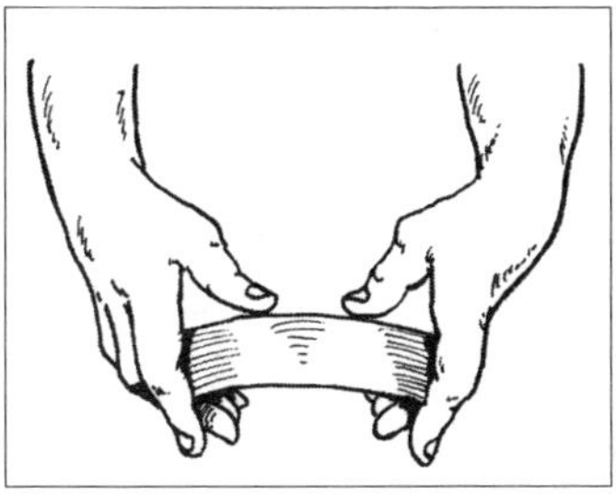

7 两手一起，小心地拿起这交叉的两摞牌。现在你可以迅速地把这两摞牌插到一起理成一大摞牌，但是如果你想让自己看上去像一个专业的洗牌高手，就不要直接理牌。轻轻把牌的两边向中间稍稍推紧，然后两个拇指放在牌的顶部，其他手指放在牌下面，将牌向上推得稍稍拱起。

8 最后，牌下面的手指松开，拇指向下按压，同时两个手掌向内用力推，牌就会插到一起，变成整齐的一摞了。

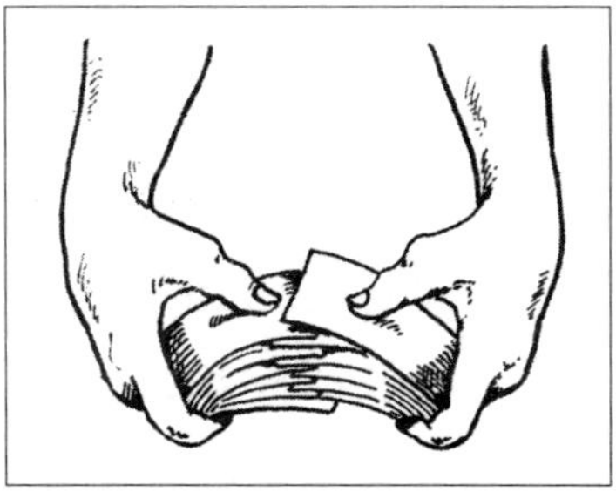

如何制作个性 T 恤

不管你的 T 恤有多酷，都有可能和别人撞衫。一个能让你更加突出、更加引人注目（也能带给你很多乐趣）的好办法就是自己设计自己的 T 恤。

你需要用到以下物品：

- 一件纯白色的 T 恤、两块厚的硬纸板、一支铅笔。
- 一支记号笔、一把剪刀、布彩颜料、油画笔。
- 旧报纸、胶带。

要做一件这样的“夸张脸”T 恤，你要先用一张硬纸板做一个模板，就是在硬纸板上剪出形状，再用它来把图案印到 T 恤上。所以当你都完成了之后，这张脸就会印到你的 T 恤上了，色彩鲜艳亮丽。

具体方法

1 拿出一张硬纸板，注意，硬纸板要大一点，要能盖住 T 恤，用铅笔在纸板上画出眼睛和嘴巴的形状。

2 用记号笔给刚才画的形状涂色，这样你就能看出来 T 恤做好之后图案的样子了。

3 小心地从硬纸板上剪下这些图案。把剪刀从舌头部位的中间戳进去，然后从这个洞开始向外剪，沿着嘴巴和舌头的轮廓，在硬纸板上剪出嘴巴和舌头的形状。眼睛部位也一样，先沿着外面的黑线开始剪，然后是内部的黑线，这样眼睛内部白色的两小块硬纸片就会掉下来，你要收好了不要扔。如果你觉得这一步比较难可以找个成人帮你剪。

4 把 T 恤铺在一些旧报纸上，再把另一块硬纸板塞到 T 恤里面，这样可以防止颜料印到 T 恤的背面。

5 把你刚刚做好的模板放到 T 恤上，摆到你想要印图案的位置，再用胶带把它们固定。记得要把刚才剪下来的眼睛内部的两个白色小块也用双面胶粘上去。

6 接下来，小心地用油画笔把布彩颜料涂到 T 恤上。有了模板的帮助，你就可以只涂模板上镂空下面的 T 恤部分了。

7 就让模板粘在 T 恤上，放几个小时，等颜料晾干之后再小心地将模板撕下来。你的新“夸张脸”T 恤就做好能穿了。

如何抛翻煎饼

如果你想要一点美味又快速的点心，可以试试自己做个煎饼，这样又可以炫炫抛翻煎饼的技术，又可以享受美味。下面食谱里的量够做八个煎饼的，所以你可以找朋友来一起分享。

你需要用到以下物品：

- 125 克面粉、250 毫升牛奶、一个鸡蛋、橄榄油。
- 煎饼上的美味装饰配料。

具体方法

1 把面粉和牛奶倒到面盆里。

2 再把鸡蛋也打进盆里，然后用搅拌器把这些材料搅拌均匀，直到混合液（叫作“面糊”）已经搅开，没有结块。

3 在煎锅里放一勺油，加热，然后把锅倾斜并按圆周方向转动，让锅底上布满薄薄的一层油。

4 用长柄勺舀起少量面糊倒入煎锅中间，然后还像刚才倒油之后一样，把锅倾斜按圆周方向转动，让锅底铺满薄薄一层面糊。

5 将火调到中小火加热，直到面糊变硬。

抛翻煎饼特技

摇一摇煎锅让煎饼松动，如果煎饼粘在了锅上，就用铲子轻轻地把它分离。煎饼松动了你才能抛得起来。

轻松地端起煎锅，快速向上颠。颠之前让锅的远端稍稍向下垂，然后向上铲，让煎饼在空中翻转。

用煎锅接住煎饼，把翻过来的这一面再加热 1 分钟。

煎饼装饰窍门

做好了煎饼之后，你就可以尽情装饰了。下面有些建议，可以帮你装饰出好看又美味的煎饼。

柠檬和糖：经典搭配。

枫糖浆：可做甜点。

水果和冰激凌：营养又美味。

火腿和奶酪：简直太可口了。

西红柿和蘑菇：素食者最爱。

如何贯彻实施新年计划

新的一年意味着新的开始，所以人们常在新年初始制订新年计划，通常都是计划要提升自己或是戒掉一个坏习惯。

下面是一些建议，帮助你的新年计划能够贯彻整年。

要有计划。只是嘴上说要干吗干吗是没有用的，你还需要计划好如何去做。把计划写下来有助于你坚持实施。

不要草率。只有你的计划内容对你来说很重要，你才可能一直贯彻它。所以你要好好想一想该如何提升改善自己的生活，然后再制订计划。其实设定一个目标很简单，但是要坚持下来，贯彻实施，就需要设定一个你真正想达到的目标。

要奖励自己。如果你的目标是让房间保持清洁，那就可以每周从你的零花钱里拨出来一点，月底在打扫完房间之后，给自己买个礼物奖励一下。

不要操之过急。如果你担心自己甜食吃得太多了，那也不必计划一下子就完全戒掉甜食，可以慢慢地减少甜食的摄入量，比如只允许自己在周末的时候吃。

要告诉大家。也许你的计划是多做家务，那就告诉你的爸爸妈妈，这样他们就可以督促你了。也有可能你和朋友们制定了同样的目标，所以你们可以互相交流一下各自的目标和方法，这样就可以互相帮助，互相监督，让计划得以贯彻执行了。

不要轻言放弃。有时候你可能没有按计划完成要做的事情，比如，你可能决心要按时完成作业，但是某一天却忘了做，没能按时完成，这可不应该成为你放弃计划的借口。要接受自己偶尔犯的一些小错误，关键是要坚持下去。

如何放风筝

飞上去……升上天……冲下来……一切都在你的掌控之中。如果你正在犹豫该用零花钱买点什么好，或者生日向父母要什么礼物，那干吗不试试风筝呢？它们可好玩了，稍微开阔的空间就能放，也很容易就能飞起来。叫上一个朋友，按照下面的步骤来，你的风筝很快就能飞上天了。

飞得更高

1 放风筝需要有风。虽然风不需要很大，但是有点小风还是很重要的。

2 迎着风找到风吹过来的方向，然后背过身去。

3 你拿好线圈。让你的朋友拿着风筝，走到离你 15 米开外的地方停下，轻轻地拿着风筝，不要握太紧。注意，他应该朝着你面对的方向走。

4 将风筝线拉紧，等待一阵合适的风。

5 让你的朋友把风筝高举过头顶，然后你用力拉风筝线，让风筝从他的手里飞向空中。

6 风筝飞起来之后，你可以慢慢地放线，让风筝飞得更高。

7 如果风小下来，风筝开始下降了，那就把线绕起来一些，或者你跑远一点，让风筝线重新拉紧。

8 收回风筝很简单，你一边向风筝走过去，一边绕线就可以了。

不要在下列情况下放风筝

- 天气恶劣时。
- 靠近电线、电话线或树的地方。
- 人多的地方，以防风筝掉下来砸到人 。
- 马路边。

如果你能避免上面的情况，你就可以在开心玩耍的同时，兼顾到自己、风筝和其他人的安全了。

如何从别人耳朵里掏出硬币

这个小把戏每个魔术师都应该会。只需要一些简单的手部动作，你就可以让你的朋友相信，你从他耳朵里掏出了一枚硬币。下面就教你怎样做。

1 右手拿一枚硬币，向你的朋友展示一下，同时还要给他看看你的左手，手里可是什么都没有的。

2 右手翻过来，装作把硬币放到了左手里，然后左手握拳，假装握住了硬币，右手（此时硬币其实还在右手里）收回放到身侧。

3 让你的朋友向你的左手吹口气，然后张开左手，给他看看，硬币不见了！

4 举起右臂，右手放到朋友的耳朵后面。

5 快速将右手心的硬币推到手指处，动作要流畅，然后把硬币从他的耳朵后面拿出来。神奇吧！

如何读懂身体语言

想想你每天要说多少话，可是你知道吗，你每天通过身体语言交流的信息其实比你说话交流的信息还要多！

理解身体语言可以帮助我们发现人们的真正意思和真实感受。有些人可能嘴上说的是一回事，身体语言表达的是另一回事。我们都知道，微笑代表开心或友好，哭泣代表伤心，但是还有很多其他不为人熟知的身体语言符号。

做决定、下决心

- 如果一个人在轻抚下巴，那表示他正在想事情，而且正在试图做决定。
- 如果他在用力拉耳朵，那表示他还下不了决心。
- 如果你给了他一个建议，而他夹住鼻子，闭上眼睛，那表示他觉得你的建议不怎么样。

说谎！说谎！

说谎的迹象可能很难察觉，但是如果出现了下面这些动作，很可能就表明他在对你说谎。

- 眼睛向左看。
- 说话的时候用手捂着嘴。
- 搓鼻子。
- 转过脸去，不面对你。

我是老大

- 如果有人身体后仰，双手放在头后面，那就是说他觉得自己是老大，他说了算。
- 他也有可能用手做出尖塔状来表示他是老大。
- 如果有人站在那里，双手放在臀部，那表示他觉得他随时可以掌控局面。不过要小心，因为这个动作也可能是攻击性的象征。

世界通用的身体语言

还有一点需要记住的就是，身体语言会根据你所处的国家不同而发生变化。在智利，将手伸开，手掌向上，手指张开给别人看，表示你觉得他很笨。在泰国，露出脚底板是一种很粗鲁的行为。所以，读懂别人的身体语言很重要，同时你也要注意自己身体语言的表达，以免发出错误信号。

如何训练金鱼踢足球

很多人对金鱼的印象都不太好，说它们的记忆最短只有3秒，说它们不聪明。现在，你可以教你的金鱼踢足球，让它成为足球明星，这样就可以证明人们的那些观点都是错误的。

首先，要准备一个球场。你可以从当地的宠物商店买点绿色的石子铺到鱼缸底部，然后用3根小棒子绑在一起做成一个简易球门。不要用网兜做球门，你也不想你的金鱼钻进去就出不来了吧。

训　练

你有没有注意到，每次你走近鱼缸，金鱼都会游到水面上？这是因为它知道，有人走近很可能意味着是来喂它的。这种行为刚好可以用来帮助你训练它。

- 放一个小球到鱼缸里，不能太重，小鱼要能推得动它，但也别太轻，它得沉得到水里，不能一直浮在水面上。
- 现在就在旁边等着，小鱼迟早会过来推动球的。它一推动球，你就喂它一点吃的。
- 再等，等到小鱼再次推动球，你就再喂它一点吃的。等这么做的次数足够多了以后，小鱼就会将“推动球”和“有吃的”联系起来，就会主动去推球了。这个过程中你一定要有耐心，小鱼学会这些是要花一点时间的。也许需要每天训练好几次，两三个星期之后你的小鱼才能成为一个足球界的传奇。
- 有一点很重要，就是不要给它喂过多的食物，喂食不要超过它每天的正常食量。如果你喂食的时候它不再立即游到水面来吃，就该停止喂它了。

恭喜你！你现在已经是一个成功的金鱼球员教练了，下一步可以尝试训练海豚了。

如何画壁画

壁画就是直接画在墙上的大型画作。如果你也想画一幅，首先要得到允许，不要随便在墙上作画。下面就是可以让你立刻创作出一幅壁画的简单方法。

你需要用到以下物品：

- 一幅画或是照片、画笔、各种颜色的乳胶漆、一支软芯铅笔、一张描图纸、一把尺子、一面墙、一些旧报纸。

具体方法

- 找一幅你想要画到墙上的图片，可以是一张照片，也可以是你以前画的画。然后在图片上盖一张描图纸来保护它。
- 现在要在描图纸上画上网格。用铅笔和尺子在描图纸的中间画一条竖线，然后在中间再画一条横线，描图纸上就出现了 4 个大小相同的格子。
- 在左上角的格子里画上一条竖线和一条横线，将它 4 等分。其余的 3 个大格子也同样处理，分别将它们 4 等分，这样，纸上就有 16 个大小相同的格子了。
- 用软芯铅笔在墙上画一个大方框，这个方框马上也要被分为 16 个小方框。如果你的图片是 15 厘米长、10 厘米宽，那你就可以在墙上画一个 150 厘米长、100 厘米宽的大方框。

- 用前面画网格的方法将墙上这个大方框分为 16 个大小相同的小方框。现在你要把这个网格和描图纸上的网格比对一下，构思一下怎么画。
- 在这些网格的辅助下画出壁画的轮廓。先从左下角的方格开始，将图片中左下角方格里的图案画到墙上左下角的方格内，然后一个方格一个方格地画，直到轮廓全画完。
- 在地上铺些旧报纸，防止颜料滴到地上，然后就可以给你的壁画大作涂色了。

如何玩“三牌赌皇后”

“三牌赌皇后”这个游戏准能诓住你的朋友们。这个小把戏需要熟练的手法，也就是说你要用熟练的手部动作来迷惑观众。

1 拿出一副牌，找出其中的两张K和一张Q，这张Q就是观众要找出来的“皇后”。为了让后面的游戏顺利进行，你可以把这三张牌从中间稍稍弯折，让牌背面弓起，形成一个大致的倒V形。

2 将这三张牌正面朝下放到桌上，然后一张一张地展示给观众，看看它们分别是什么牌面。

3 找出一张K，然后用右手拿着，拿的时候拇指放在牌的底边，中指放在上端，不要捏得太紧。

4 接着，拿出Q，也用右手拿着，放在K的前面，拇指在下，无名指在上。

5 另一张K放在左手，也像右手拿K的姿势一样，拇指在下，中指在上。

6 下面就是关键部分了。右手快速将牌盖向桌面，同时松开中指，这样 K 就会面朝下盖到桌面上。这需要多加练习才能动作流畅，一气呵成，但是一旦练好了，那么观众看上去就是最上面的牌 Q 盖到了桌面上，而不是 K。

7 然后再把左手里的 K 面朝下放到桌面刚才那张 K 的右边。

8 接着再把右手里的 Q 盖到桌上第一张牌的左边，这样，Q 其实是在最左边，但观众会以为它在中间。

9 盯住中间那张 K，然后慢慢地把桌上的牌移一移，换换位置，但是要确保中间的那张 K 最后仍然还在中间。

10 让一个观众来找出“皇后”Q。他准会指着中间那张牌，觉得那就是“皇后”。现在你可以把牌翻开了，给他看看这是 K，不是 Q，然后你就等着欣赏他那惊讶得合不拢的嘴吧。

如何让你的卧室炫酷起来

拼贴墙准能提升你卧室的炫酷指数，因为它能展示你的独特个性。它其实就是你把长期以来收集的照片、图片、纪念品或其他任何你能想到的东西拼贴到墙上，直到贴满你卧室的一整面墙。

如果你想用拼贴墙来给卧室一个大变身，那就学学下面的技巧吧。

拼贴技巧

- 选好你贴图的墙面区域，在上面先贴上一层牛皮纸或包装纸，这样的话即使你后面贴的图之间有点缝隙，也不会露出墙面。

- 定一个主题。你的拼贴图可以是关于你的一个兴趣爱好的，或者你也可以把它做成一种成长纪念，不断添加那些你生命中重要时刻的见证。
- 决定好从哪里开始贴。可以从墙面中间开始向外贴，也可以从下往上贴。

贴什么

要尽量多找一些不同种类的东西，把它们用胶粘到墙上的衬纸上。下面是一些建议：

- 你可以贴一些照片，可以给照片中的人设计一些台词对白，再在他们嘴边画个气泡对话框写出来，或者把照片剪切混贴。
- 还可以收集一些报纸、杂志、漫画上的图片，剪下你想要的贴上去。
- 用实物做出立体效果。比如，在音乐主题的拼贴墙上加几张旧光盘；如果是体育主题的拼贴墙，干吗不试试在你支持的队伍的队服上加一个玫瑰花结呢？

你想贴什么就贴什么，没有任何限制，压平的可乐罐、旧的足球队服、生日卡片、食品标签、贴画、涂鸦……唯一的限制就是你的想象力。

如何驯狮

猫科动物通常都是比较温顺的，所以比较适合用来做宠物，但是如果你想做一名驯狮员，那就要格外小心了，你面对的这只“大猫”可有1米多高，200多公斤重，牙齿能把你的头咬下来。驯狮员要具备的3种最重要的素质就是谨慎、勇敢、耐心。下面就来看看怎样教狮子一个小把戏。

钻　圈

- 让狮子信任你，这很重要。驯狮员通常都是从狮子小的时候就开始喂养它们，所以与狮子的关系比较亲密。
- 你要训练狮子对某个信号做出反应。在狮子面前放一个圈，圈的另一边放一个玩具或者一个亮色的东西，然后你退后，打个响指。
- 这个时候，狮子并不知道你想做什么，如果它钻过了那个圈来察看另一边的东西，那你要立即给它一点儿吃的来奖励它。

- 就这样继续练习，每次狮子钻过圈你都要给它一点吃的作为奖励。很快，你就会发现，只要你一打响指，狮子就会钻圈，哪怕圈那边没有玩具。

如何玩“扑克唬人”游戏

“唬人”的意思是在玩牌的时候尽量让别人相信你的话，而其实你是在骗他们。要想唬住人，必须善于绷住脸。一张紧绷的脸有时也叫“扑克脸”，就是因为玩牌的人害怕面部表情会泄露信息，所以他们通常都绷着脸，面无表情。

唬人练习

要想在这个“扑克唬人”游戏中取胜，你就要最先出掉手里所有的牌，而出牌的唯一途径就是唬住其他游戏参与者，让他们以为你说的话是真的。

你需要用到以下物品：

- 一副扑克牌。

怎么玩：

1 至少再找三个人一起玩（人越多这个游戏越好玩）。给所有参与游戏的人发牌，要尽量平均分配这 52 张牌(去掉大、小王)。

2 每个人看看自己的牌，但是不要让别人看到。

3 从发牌者左边的那个人开始。他要把手中所有的 A 都挑出来，牌面向下，放到桌子中间。比如，他有一张 A，那就要说“一张 A”，然后把那张牌盖到桌子中间。但是，为了更快地出完手中的牌，他也可以装作有更多张 A。他可以说“两张 A”，然后放下两张牌，哪怕那两张都不是 A 也行。他甚至可以说“3 张 A”，放下 3 张牌，或者“4 张 A”，放下 4 张牌（因为一副牌中每种牌最多只有 4 张，所以最多只能说 4 张，不能多于这个数）。

4 其他的人必须判断放牌的人是在唬人还是在说实话，如果有人觉得他是在唬人，那就要说出“唬人”。

5 如果被人说“唬人”，那刚才放牌的那个人就要把他放下来的牌翻过来给大家看。如果他说了假话，真的是在唬人，那他就要把桌子上的所有牌都拿去。如果他说的是真话，那说“唬人”的那个人就要把牌都拿去。

6 然后按照顺时针方向，每个参加游戏的人轮流出牌，要出的牌面也按顺序来，A之后是2、3……一直到10，然后是J、Q，最后是K。

7 如果到你的时候你手中没有那个牌面的牌，你就可以说“过”，或者也可以悄悄地放一两张牌来唬人。

最先放下手中所有牌的人就是赢家了。但是一定要小心，哪怕你手中只有一张牌了，别人也有可能会怀疑你的，如果你被逮到唬人，那你就要拿起桌上所有的牌了。

如何组建一个瓶子乐团

几个空瓶子、一些水、一个勺子，听上去也许没什么了不起，但是加入了你的聪明才智，它们的声音可能就会变得很动听。跟着下面的方法做，你立即就能演奏出乐曲了。

建立你的乐团

- 找 6 个空玻璃瓶，最好是大小相同的。牛奶瓶是组建乐团的最佳材料。
- 把瓶里灌上水，但是每个瓶子里的水面高度都要不同。第一个瓶子里只放一点点水，几厘米高吧。下一个瓶子里的水稍多一点儿，以此类推，直到 6 个瓶子里都有水。每个瓶子的水位跟瓶口都要留点空隙，哪怕是水最多的那个瓶子，也不要灌满。

- 把瓶子按顺序摆好，水最少的放在一边，最多的放在另一边。
- 然后你轻轻地用勺子敲击瓶子侧面，每一个瓶子发出的声音都不同。这是因为声音经过的水量不一样，瓶子里的水越少，发出的声音就越高。

现在你就可以试着演奏那首著名的乐曲《小星星》了。瓶子里水最多的是 1 号瓶，第二多的是 2 号瓶，以此类推，水最少的是 6 号瓶。演奏方法很简单，歌词下面对应的数字就代表你演奏的时候要敲击的瓶子的号码。

小星星

一闪一闪亮晶晶，满天都是小星星

1 1 5 5 6 6 5 4 4 3 3 2 2 1

挂在天空放光明，好像许多小眼睛

5 5 4 4 3 3 2 5 5 4 4 3 3 2

一闪一闪亮晶晶，满天都是小星星

1 1 5 5 6 6 5 4 4 3 3 2 2 1

GOOD **小窍门：**要想让你的瓶子乐团更加炫酷、更加引人注目，可以往每个瓶子里加几滴不同颜色的食品颜料。

如何在力量比试中获胜

如果你的朋友中有人觉得自己力大无比，那你就可以用下面的方法轻易打败他，显示你的超强力量。

捏碎鸡蛋

首先，问问你的朋友，他能不能不用工具，空手捏碎鸡蛋。他肯定会说，“当然可以”。

然后，让他用一只手拿着鸡蛋，手指伸开握住鸡蛋，然后用尽力气使劲握。他会惊讶地发现，鸡蛋怎么握都不会破。这是因为，虽然鸡蛋可以轻易被敲破，但是它们的形状让它们可以承受很大的挤压力。如果不是这样，那么鸡在下蛋过程中就会把鸡蛋挤碎了。

现在该你了。关键的窍门就是你一定要戴一枚戒指，这样用力一握，鸡蛋就碎了。

当你在挤压鸡蛋壳时，所有的压力都集中在一点，就是戒指上，而你的朋友在挤压鸡蛋的时候，压力是平均分布在整个鸡蛋上的。

如何在阅兵的时候鞋子光亮

“集合！立正！鞋子要擦亮一点，要亮到能照出你的影子，懂不懂，士兵？不擦亮就去削 3 个星期土豆。”

看到了吧，阅兵的时候表现出最佳状态是非常重要的，尤其是你的皮靴，阅兵队长们尤其喜欢亮闪闪的靴子。如果你参加阅兵的时候没有把鞋擦得光亮，那你就有大麻烦了。

为了防止你要削大堆大堆的土豆，或者要粉刷石头，或者要在无数个夜晚去放哨，下面就教你怎样用“口水擦鞋法”把鞋擦得光又亮。

你需要用到以下物品：

- 一双皮靴、两块柔软的布、鞋油、水。

怎样擦

1 一只手伸进靴子里，另一只手拿一块软布，在靴子上涂上足量的鞋油，然后将靴子放在一边至少 5 分钟，将鞋油晾干。

2 用布包裹你的食指，然后用这只包着布的手指蘸点水。

3 用蘸湿了的布擦鞋子，手指在鞋上打小圈，慢慢擦。只要一会儿，鞋子上的鞋油就开始发亮了。

4 再用包着布的手指蘸点鞋油，在鞋子上再涂薄薄一层鞋油。这次的鞋油不要用太多，然后还像刚才一样，打着圈擦鞋子，直到鞋子更亮。

5 再这样重复擦 2 ~ 3 次，直到鞋子已经非常非常光亮，最后用一块洁净的干布再擦一次。

6 检查一下你是不是能在鞋子上照出自己的影子，如果可以的话，你就可以准备去参加阅兵了。

GOOD

小窍门： 这种擦鞋方法叫作“口水擦鞋法”，是因为很多士兵都懒得去舀水，他们就用口水代替。

如何成为说唱明星

要成为真正的说唱明星，你就要学会“自由说唱”。自由说唱就是演唱者边走边自编内容说唱，他们可以自己编自己说唱，也可以和一个同伴一起配合，甚至可以把它变为一个“说唱比赛”，两个演唱者轮流说唱，都努力把对方比下去。自由说唱听着很有意思，也会让听众印象深刻。

按照下面的方法做，你就能成为一个真正的自由说唱明星。

开唱吧

- 说唱的关键就是要押韵，通常每两句都是要押韵的。这一点就需要平时多加练习。你也可以平时就做一些准备。提前准备好一些和你的名字、你的家乡，或者你觉得你会唱到的内容押韵的词语。
- 最好的办法还是提前思考。如果你唱了这句“My rapping is so good”，你就要立即想想什么词和“good”押韵，然后再想一个整句，比如，“The best in the hood”，或者“And that's understood”。
- 尽量用容易押韵的词结尾。
- 你的说唱除了要押韵之外，节奏也很重要。尽量让你的每一句长度都相同，这样可以让说唱的节奏分明。
- 如果你出了一点错或者有点口误，不用管它，继续唱。同样的，如果有一句没有押韵也不用管，继续唱。只要你能继续唱下去，人们不会在意这些的。

- 尝试和朋友一起组建一个说唱乐队，可以叫它“密码”。这样说唱起来就轻松一点，因为你可以在你朋友唱的时候想想自己的词。

记住，学说唱就是要练习、练习、再练习。坚持下来，很快你就会看上去、听上去都像是一个酷酷的说唱歌手了。练习好了之后，你就可以给同学们展示一下你有多棒了。

如何避免晕船

上上下下！左歪右斜！你原以为你的加勒比海航游是一生中难得的美妙假期，但其实你感觉糟透了。你遭遇了旅行者的诅咒：晕船。上了船之后，你就进入了一个动荡的世界，没有一样东西是静止不动的，这让你的大脑和身体都产生紊乱，你感觉不舒服。

你不出来航行是不知道自己会不会晕船的。但是，你仍然可以做点事情来避免自己晕船，或者，如果你已经在船上并且感觉不适，那就做点事让自己早点克服它。

- 刚上船的那几个小时里要避免到甲板上面去。尽量多花点时间看着水平线，就是水天相接的地方。水平线是一个固定的位置，所以看着它可以帮助你的大脑尽快适应海上航行。
- 如果你已经感到不适，那躺下来会好一点，但是不要躺在你的船舱里。去甲板上找一张舒服的帆布躺椅躺下，还要确保身边有人照看你。
- 如果你是在乘船游览，那你还会受到各种美食的诱惑。第一天的时候尽量不要被诱惑，少吃一点，而且要吃平时吃惯的东西。
- 如果真晕船了也不要紧，慢慢就会好一点的。一旦下了海，你的头脑和身体就会慢慢适应船的摇动的。

GOOD **小窍门：**很多经验丰富的旅行者都说生姜能治晕船，那你上船的时候干吗不带一点生姜饼干呢？

如何在打排球时扣球

扣球是排球运动中最厉害的进攻方式，做得好的话肯定可以拿分。扣球的意思就是你要靠近球网跳起来，用力地将球拍到对手那边的场地。下面就是具体步骤。

1 站在球网前几十厘米的进攻线上，看着“二传手”，就是要把球传给你，好让你扣球过网的人。

2 开始助跑。从进攻线到球网你可能需要跑 3 步。

3 跳起来。跳起的时候双手高举过头顶，这样可以帮助你跳得更高更有力。估算一下你的起跳时间，然后在跳到最高点的时候扣球。

4 如果你惯用右手，那就将右臂向后甩，让手肘高举。右手靠近头，手要张开，手掌向上（如图所示）。

5 右手向前，用手掌的底部用力拍球的顶部。

6 拍球的时候手腕向下弯，将球扣到对手那边的球场。

如何成为成功的慈善筹款人

为慈善筹款应该是一件简单的事情，毕竟每个人都愿意支持有意义的事业。但是，有意义的事业有很多，为它们筹款的人也有很多，你要想引起大家的关注，就要好好下一番工夫了。

认真计划

- 你的第一个任务就是要决定为什么而筹款，比如为一个当地组织、医学研究，或者是为了贫穷国家的人民。
- 然后，就是要确定怎么筹。有一种方便的办法是找资助，也就是举办活动，找人来为你的活动出资筹款。
- 如果决定了举办筹款活动，那就要确定到底是什么具体活动。和朋友们一起举办筹款活动会更有效更有趣，所以你可以和朋友们一起，比如你们可以在当地的游泳池办一个游泳活动。

组织游泳活动

活动开始之前，你首先要得到泳池管理者的允许，还要确保你的游泳活动始终都有救生员在场。可以找一位成年人来帮忙组织和监管你们的游泳活动。

然后就是设定活动目标。目标设得越有挑战性，人们就越有可能掏钱支持你们的筹款。例如，你可以设定要游 5 千米。

你自己游不了这么远也不用着急，你可以找朋友一起游，把它变成一项团体活动。看看游泳池有多长，如果它像多数公共泳池一样也是 33 米，那么 5 千米就需要游 152 趟。如果你们有 12 个人参加活动的话，那每个人就要游 13 趟。如果每次两个人一起游，那其他人在等待的时候就可以好好休息休息了。

还要设计活动表格，让每一个参加活动的人都可以去拉赞助筹款。表格要包括活动内容，要有一栏让人填姓名，还有一栏填他们出钱的金额。

给每一位游泳的人一张信息备忘单，上面写上活动的日期、时间、集合的地点，还要写上他们要带的东西（比如泳衣、毛巾、零食），以及游泳分组和顺序名单，好让他们了解当天活动的流程。

活动结束，你们也休息好了之后，你和朋友们就要整理一下筹到的钱，确定如何把钱交给那个需要帮助的组织。你可以亲自把钱送到那个组织在当地的一个代表机构，或者把钱寄给那个组织，也可以找一个成人帮你一起送钱或寄钱。

如何用手指抬人

你的朋友们强壮吗？壮到能仅用手指就把你抬离地面吗？不行？那好，按照下面的步骤做，你准会为你朋友们的超强力量感到震惊的。

具体方法

你需要找4位朋友来用他们的“力量之指”把你抬起来。你要坐在凳子上，没有靠背的那种，就像学校里常用的那种凳子。静静坐好，身体放松。

2 个朋友站在凳子后面，第 3 个人站在凳子的右边，第 4 个人站在凳子左边。

让一个朋友把他的左手放在你的头顶，另外 3 位朋友把他们的左手放到第一个朋友的左手上面。然后右手也是一样，这样他们的 8 只手就都放在你的头顶上了。

现在这 4 个人要集中精力，一边想象着把你抬起来，一边高唱“轻如羽毛！硬如木板！”，要唱 20 遍。

他们现在可以把手收回去了，然后每人都把双手握紧，两只食指并排伸直，其他手指交叉握紧（如下页图所示）。

椅子两边的人分别把他们的这两根手指放到你的膝盖下方，椅子后面的人把他们的手指放到你的腋下。

大声数三个数。数到“3”的时候每个人都用手指用力向上抬。你会惊奇地发现，你真的被抬起来了，就好像你真的轻如羽毛一样。你的朋友们可以把你抬得很高，但是要让他们放下你的时候小心一点，动作轻一点。

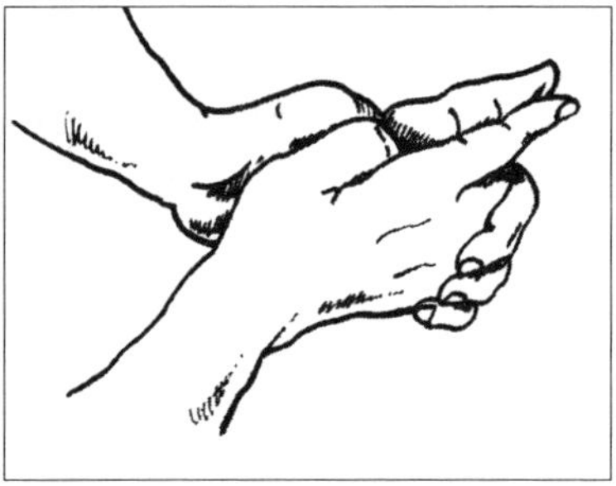

GOOD **小窍门：** 通常这个游戏需要尝试 2 ~ 3 次才能成功。如果第一次不成功，记住要从头开始再试，还要重新唱“轻如羽毛！硬如木板！”20 遍。

如何成为摇滚架子鼓大师

毫无疑问，架子鼓打起来很有意思，但是要打得好就需要很多练习和技巧。下面有一些简单的练习，可以引领你走上摇滚大师之路。

找到节奏了吗

一只手高举，上下轻拍头顶，另一只手在腹部绕圈。不容易，对吧？打鼓最关键的就是用身体不同的部位做不同的事情，这往往需要练习很长时间才能做得好。

下一步练习要更难更具挑战性一些。试一试，看看你做得怎样。

左手伸出一根手指在桌子上有规律地打节拍，每隔一拍就用右手的一根手指也同时敲桌打拍子。所以节奏应该是这样的：左手……左手和右手……左手…… 左手和右手……左手……

学会了吗？很好。现在，还是重复这个练习，但是每到第四拍的时候就用右脚跺地面。这时节奏就变成了：左手……左手和右手……左手……左手、右手和右脚……如此循环。

如果这些都能做得好，那你就很棒了。你已经在通往摇滚架子鼓大师的路上迈出了第一步。但是不能放松，紧接着还有一步要走。

重复上面的练习，但是在第二拍的时候，还有此后每隔三拍，都用左脚跺地。所以最终的节奏就应该是：

左手
左手，右手，左脚
左手
左手，右手，右脚
左手
左手，右手，左脚
左手
左手，右手，右脚

如果你能成功地练到这一步，你就已经掌握了节奏。你就可以到当地的音乐学校报班学习，同时开始存钱买套架子鼓，并且留长发，开始你的鼓手事业啦！

如何优雅地吃意大利面

你坐在一间意大利餐厅里，望向窗外，面前有一盘美味的意大利面，而你也已经很饿了。你把一些面条塞到嘴里，其他的还挂在嘴边，番茄酱弄得满脸都是，还滴到了你干净的白衬衫上。此时你的一大帮同学从窗外经过，正往餐厅里看。简直就是噩梦啊！

意大利面是一种很难不吃得到处都是的食物，所以你需要事先做点儿准备。

吃意面技巧

- 吃意大利面只需要一个叉子，不是叉子和勺子，也不是叉子和手指，就是一个普通的叉子。
- 千万不要用刀把面条切碎。
- 在盘子里靠边的地方清理出一点空地，你一会儿就需要用到它。
- 用叉子插入面条中间，不要插太深，因为你一次不需要吃太多。现在，将叉子的齿尖抵住刚才清理出的盘边空间。

- 旋转叉子，直到面条全都卷到叉子上。不要让面条拖下来，如果真有面条拖了下来，那就放低叉子，在盘子边上把面条刮下来，再重新尝试，这次少卷一点面条。

如何用星星导航

黑色的天幕上满是闪烁的星星，这个画面多美啊！但是你知不知道，夜晚的星空还可以变成一个巨大的指南针？因为星星之间的相对位置总是保持不变的，所以人们可以借助这一点在黑夜里找到方向。海上的水手们就常常根据星星的位置来设计航线，驾驶船只。

超级观星术

观星确定方向的方法关键就是找到北极星，也就是北方之星，因为它几乎就是在北极的正上方。北极星可以帮你找到北方，当然，如果你找到了哪边是北，也就能找到东方、南方，还有西方了。

要熟练地找到每颗星星确实需要花点时间去练习，所以每个的夜晚都要抓紧练习，很快你就能成为一个夜航者了。

怎样找到北方

1 夜空中有无数的星星，仅我们肉眼能看见的也有成千上万，为了辨别它们，人们将星星分为很多群组，叫作“星座”。你现在要找的那组星星就属于大熊座，叫作“北斗七星”。

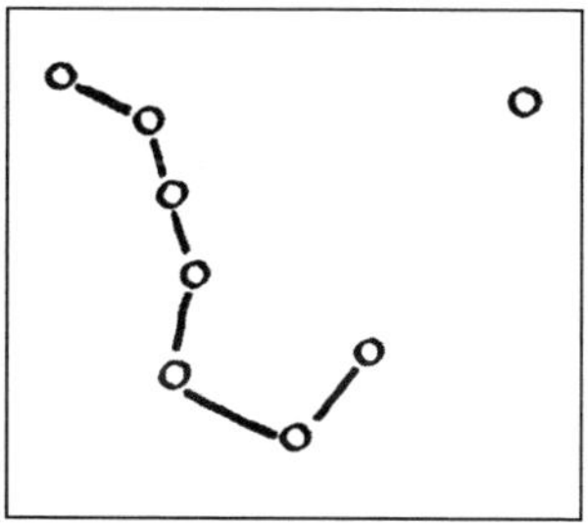

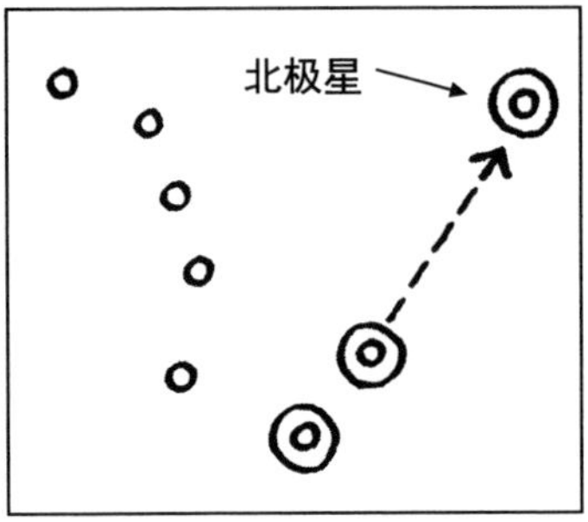

2 看着北斗七星中最右边的两颗，它们就是“指向”星星。现在想象着有一条直线连接这两颗星星，然后直线继续向上延伸，它会带你找到另外一颗非常明亮的星星，这就是北极星，北方之星。

3 要想确定相对于你所在的位置哪个方向是北方，你只需要面对北极星就行，那就是北方。

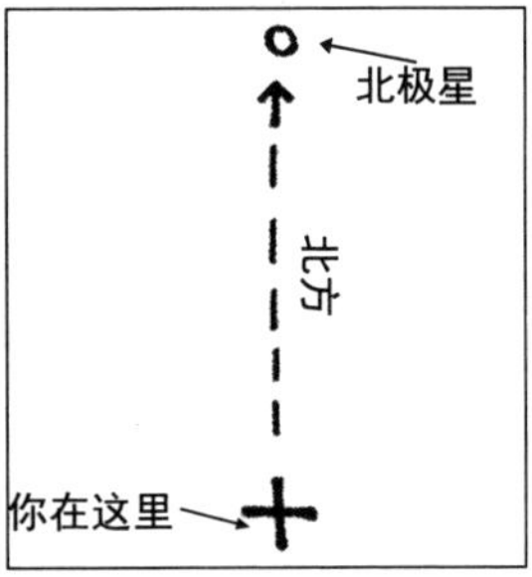

在南半球（就是赤道以南的那部分地球）上是看不到北极星的。但是，南半球上的人们可以参照南十字星座来找到南方。

如何穿地而过

毫无疑问，人类的大脑是一种奇妙的东西，而人类的身体也是很神奇的。但是，下面的这个小游戏却能破坏这两个聪明又奇妙的东西之间的协同合作。

找一个朋友来，一起试试这个有趣的游戏，它能骗过你的身体还有大脑。

具体方法

1 仰面躺在地板上，伸直双腿，慢慢上举。

2 让你的朋友两手抓住你的两个脚踝，将你的腿提到他腰部的高度。

3 闭上眼睛深呼吸，让你的朋友就这样提着你的腿保持1分钟。

4 再让你的朋友把你的腿放下，动作一定要非常缓慢。

你的大脑会不耐烦，在你的腿实际落地前很早就发出信号，告诉你腿已经落地了。当然，其实你的腿仍然在慢慢地下落，所以你就会有很奇怪的感觉，像是双腿穿过了坚实的地板继续下落。

如何制作一个完美的比萨

新鲜的家庭自制比萨真的很美味，但是如果你以为做起来很难，那就错了。自制比萨既简单，又有趣，还很可口。按着下面的步骤做，你马上就能变成一个真正的意大利比萨厨师了。

开始之前，你首先要牢记烹饪的基本准则：一定要征得父母的同意，还有，在用到热的锅具和锋利的刀具时要找个成年人帮你。

你需要用到以下物品：

- 200 克面粉、一勺酵母粉、少量盐、少量糖。
- 一大勺橄榄油、120 毫升温水。
- 用来涂抹盆内壁的橄榄油、两大勺番茄酱。
- 150 克乳酪粉。

具体方法

1 将面粉倒入小盆里，再倒入酵母粉搅拌均匀，然后再加盐和糖继续搅拌。

2 在面粉中间压出一点凹陷，倒入橄榄油和水，然后用手和匀，直到和成一个面团。

3 把面团拿出来，放到事先撒了面粉的坚实平台上（这样可以避免面团粘住）。抓住面团的边缘把它翻折过来，接着用手掌跟部用力将面团按平。然后将面团稍稍转动，继续刚才的动作。这叫作“揉面”，你需要揉几分钟。

4 往盆的内侧涂一点橄榄油，防止面团粘到盆边。把面团放到盆中，在盆上盖一块布，放置 1 小时，让面团发起来（放酵母粉就是为了让面团发起来）。

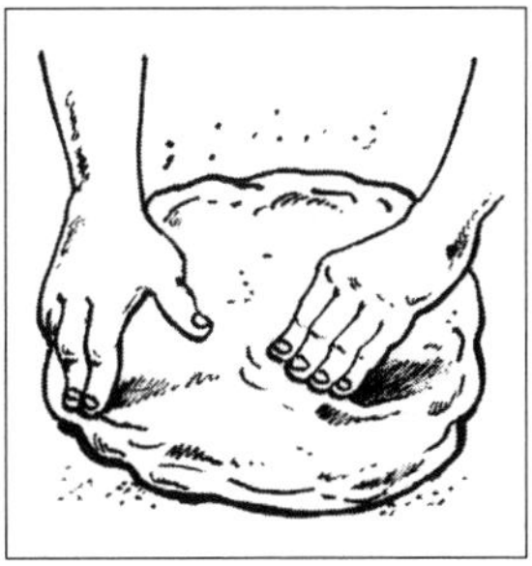

5 拿出面团继续揉，揉掉面团里的气泡。然后用手指把面团做成圆形的比萨形状。

6 把番茄酱涂抹在你的面饼上，然后在上面撒上乳酪粉。

美味的装饰

现在，有趣的工作才开始，就是给比萨加上装饰配料。你可以加一些你熟悉的材料，比如火腿和菠萝，或者你也可以发明一些全新的比萨口味，比如牛肉烧烤味比萨或者熏鲑鱼奶油芝士比萨。

比萨装饰配料放好了之后，你就可以把比萨放到烤盘上，放进烤箱，220 摄氏度烤 15 分钟。拿出来的时候，你的比萨就会外壳黄亮、奶油直冒泡了。

如何搭牌塔

这一节其实可以叫作“怎样自找麻烦”，因为没什么其他事能比这更令人崩溃了，你花了大量的时间和精力把牌搭成一座塔，但是只要一步出错，整个塔就都塌了。可是如果你做得好，这个游戏就会很好玩，你也会很有成就感。所以在按照下面的步骤做的时候一定要保持冷静。

1 找一副牌，拿两张出来，将它们竖起来，头靠在一起，像一顶帐篷一样呈倒V字形，底边开口宽度大约相当于你食指、中指、无名指3个手指的宽度。尽量在地毯上搭，因为地毯上的摩擦力更大，牌不容易倒。

2 然后再拿出两张牌，在第一个帐篷形状旁边再搭一个帐篷形，两顶帐篷底边之间留一指宽的距离。到这里搭牌塔就开始变得有点恼人了，因为如果第二顶帐篷塌了，那很有可能它会把第一顶帐篷也撞倒。

3 两顶帐篷搭好了之后，再拿一张牌横放在它们的顶上，以两顶帐篷的顶为支撑。

4 下一步就是用刚刚横放的牌做底座，再拿两张牌，在底座上再搭一顶帐篷。 如果这一步做好了，那你就很棒了。你已经搭好了一个两层的牌塔，再搭一层就大功告成了（除非你想搭得更高）。

5 再回到最底下的那层，在刚才两顶帐篷旁边再搭一顶帐篷。

6 在顶上再横放一张牌，以第二顶帐篷的顶和第三顶帐篷的顶为支撑。

7 以这张横放的牌为底座，在上面再搭一顶帐篷。

8 在第二层的两顶帐篷顶上再横放一张牌。

9 最后，在这张牌上面再搭最后一顶帐篷。现在你就搭好了一个 3 层的牌塔，最下面一层 3 个帐篷形，中间一层两个帐篷形，最上面一层一个帐篷形。

如何跌跤不跌面子

你有没有当众跌过跤？如果有的话，你可能就会发现，有时人们的嘲笑会比身上的跌伤更令人痛苦。每个人偶尔都会跌跤，所以怎样跌了跤却不跌面子是很重要的。

最好的办法就是让跌跤看上去像是你故意跌的。下面有些建议，可以帮助你避免别人的嘲笑。

- 跌倒之后立刻跳起，尽量让跌下去的动作看起来是一系列动作中的一个部分。比如，如果你向后跌倒，那就弯曲膝盖，跃身而起，接着摆一个武术动作。然后你对朋友们说：“我猜你们肯定做不到。”
- 如果你是向前跌，那就要就势翻滚，让跌倒、翻滚、起立的动作一气呵成。一旦站起来，就继续向前走，装作什么事也没有发生一样。
- 如果你面朝下跌了个嘴啃泥，那就高声说：“来吧，朋友们，看看谁做的俯卧撑最多。”然后开始做俯卧撑。
- 冬天是一个尤其危险的季节，因为雪和冰会让地面很滑，更容易跌跤。如果跌到了雪地里，那就上下摆动双臂和双腿，假装你突然想做一个雪地天使。
- 仰面朝天跌倒时，要想掩饰，可以就躺在那里，双手放在脑后，假装你正在休息，这个方法尤其适用于野外，但是却不太适用于超市里。

如何淘金

想象一下，在小河里的泥巴和污垢中，你突然看到了一些黄灿灿、亮闪闪的东西——黄金！你会有多激动！下面介绍的寻找黄金的方法叫作“淘金法”。但是注意，淘金可能会让人上瘾的，有些人就用尽了一生时间到处寻找黄金。如果你想试着学淘金，一定要确保你不会被这种“淘金热”迷住了心窍。

不要在不可能有金子的地方浪费时间，去找一条发现过金子的小溪吧。最著名的，也确实有许多人真的找到了黄金矿石的地方，是美国加利福尼亚州的一条河。你可以上网查一查，看看你家附近有没有好的淘金地点。

你需要用到以下物品：

- 一个金属的淘金盘（形状有点像汤碗）。
- 一个小铲子、一个带盖的罐子。

具体方法

1 找到小溪水流缓慢的地方。要想淘金，就应该知道金子比小溪里的沙子、泥土和沙砾要重，所以细小的黄金微粒就会随着水流的冲刷，沉到水流缓慢的水域的河床里。

2 用你的小铲子挖河床，把河床里的泥巴挖出来放到淘金盘里。

3 把淘金盘放到流动的水中轻轻摇晃，使泥沙和小石子分开，让流动的水把它们都冲走，但是由于金子比较重，所以它们会沉到淘金盘的盘底，不会被流动的水冲走。这么做虽然不能冲走所有的泥沙和石子，但是可以冲走大部分。

4 把淘金盘拿出水面继续摇晃，稍稍倾斜盘身，让几乎所有的水和污垢都慢慢流出去。

5 用手指在剩下的东西里翻找，看看有没有细小的黄金微粒。如果真找到了，就小心地将它们拿出来放到你的罐子里。

如何叠纸鞭炮

折纸手工是一种日本的折纸艺术。折纸艺术家可以仅通过折纸创作出各种惟妙惟肖的形状，从美丽的鸟儿，到真的可以跳起来的青蛙。下面这个简单的折纸技巧会教你怎样用一张纸弄出鞭炮一样的巨响。

你需要用到以下物品：

- 一张 A4 纸、一把剪刀、胶带。

具体方法

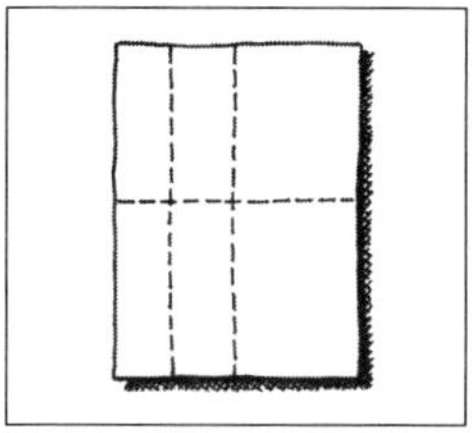

1 将纸沿横竖两个方向的中线分别对折，然后再展开，这样在纸中间就留下了一个十字形折痕。接着将较长的一半再竖直对折，然后再展开。

2 沿两条较长的折痕将纸剪开，这样你就得到了两张大小和形状相同的纸条，这两张纸条是马上要用到的。剩下的那半张纸可以给你的朋友再做一个纸鞭炮。

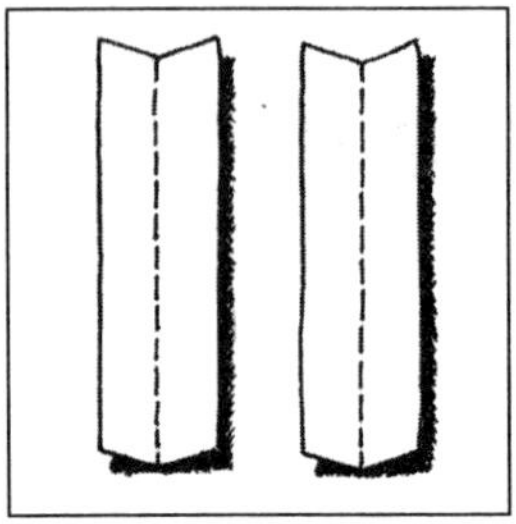

3 将两张纸条分别沿中线竖直对折，然后再展开。

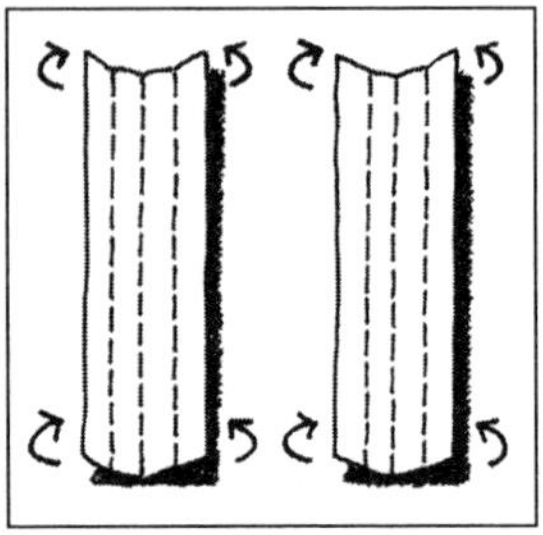

4 再将纸条上的两个较长的边分别朝内折向中线。

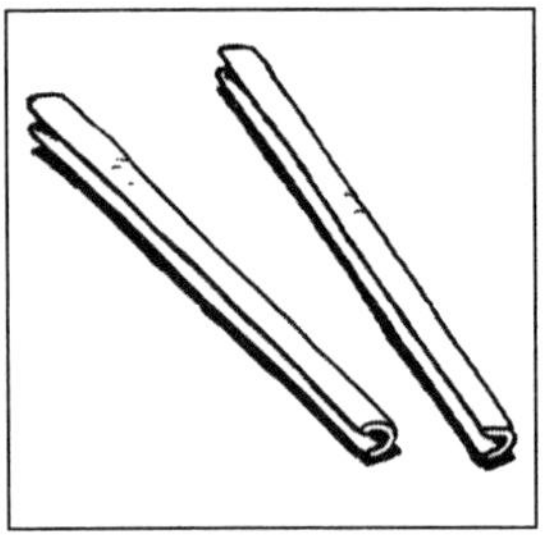

5 将纸条上折起的两个部分朝内折向中线，这样就做成了两个长长的V字形（如图所示）。

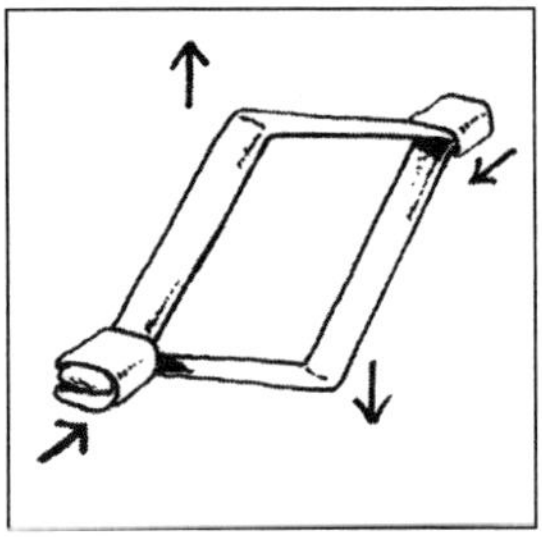

6 将两张纸条放在一起，用胶带将两端分别缠在一起固定。双手紧握两端，并向中间挤压，让纸条的中间分离。

7 两手快速向两边猛拉，这样纸条的中间就打在一起了，你拉得越快，发出的响声就越大。啪！

如何酿造姜汁饮料

在大太阳下东奔西跑之后，还有什么是比一杯冰凉的老式姜汁饮料更好的享受呢？如果这饮料还是自己酿造的，那就更棒了。下面的这份食谱中的材料可以做出一大瓶姜汁饮料。

你需要用到以下物品：

- 450 毫升水。
- 满满两大勺新鲜生姜，要去皮切碎。
- 一个柠檬、250 克糖、半小勺塔塔粉、800 毫升冷水。
- 1/2 小勺酵母粉。

具体方法

1 取 450 毫升水倒入锅中。

2 把柠檬切成厚片，和切碎的生姜一起放入锅中。

3 再加入糖和塔塔粉。

4 把锅放在火上煮沸，同时慢慢搅拌。然后把火关小，再炖（小火煮）5 分钟。找个成人帮你做这一步。

5 加入 800 毫升冷水，然后立即把锅从火上端离，再把酵母粉撒到锅里。

6 让锅冷却 5 分钟，然后找一块布盖在锅上面，四周用绳子或皮筋扎紧，不要让布沾到水，静置 24 小时。不需要放到冰箱里，但要避免阳光直射。

7 你需要找一个干净的塑料瓶来装你的姜汁饮料。一个 1.5 升的塑料可乐瓶就可以，但是一定要用热水把瓶子洗净。一定要用塑料瓶，因为玻璃瓶可能会炸。

8 把锅里的液体经过滤网过滤到量壶中，然后再倒到塑料瓶中，不要灌太满，瓶口一定要留一些空隙，因为后来的发酵过程中会产生气体。

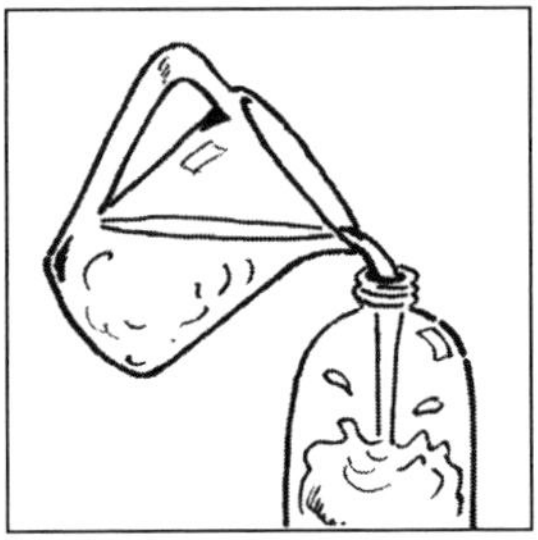

9 把瓶盖拧紧然后放置两天。每天都要把瓶盖拧松放一放气，然后再重新拧紧，每天放气 4次。

10 现在你的自制姜汁饮料已经可以喝了。喝之前可以先放到冰箱里冰一会儿，这样美味又冰爽。要趁着新鲜，在 3 天之内饮用完毕。

如何表演特技打斗

特技打斗是一种假装的打斗。你在电影里看到的所有打斗和武术对决几乎都不是真的，都是事先经过小心排练的，没有人会真的被打或受伤。

要设计你自己的舞台特技打斗，首先要找个朋友和你配合，然后按着下面的步骤做，行动起来吧。

准备工作

- 最重要的一点就是安全。放慢速度练习每一个动作，然后再慢慢加快速度。一定要让每个人都清楚自己该怎么做。如果有跌倒的动作，那也要放慢速度练，一定要注意安全，而且要跌到草地或地毯上，避免跌向坚硬的表面。
- 你和对手之间要保持足够的距离，要有足够的空间，让你们挥拳或踢腿时不会碰到对方。

让观众信以为真

电影的特技演员始终清楚摄影机的位置，所以你也要设计好你的特技打斗动作，让你的观众信以为真，印象深刻。下面就教你怎样表演能以假乱真的特技打斗。

1 右拳挥向另一位特技演员的脸。

2 在拳就要触到他的脸的时候，用你的左手拍打自己的胸口。

3 不要让拳真的击中对方的脸。你拍打自己胸口时会发出很大的“砰”的一声响，这会让观众以为你真的击中了他的脸。

4 发出“砰”的一声响的同时，对方应该要向后一个趔趄，假装自己真的被击中了。

在你们假装打斗的时候，一定要让观众在你的身后面，这样这个特效才能起作用，否则观众就会看到你自己拍打自己的胸口。

特技打斗的诀窍

- 所有的动作都要提前“心电传送”给对手。“心电传送”其实就是用只有你的对手能看到的小动作来告诉他你要做什么。如果你想假装用左脚踢他，那就轻轻动一下左脚，再看看他，确保他明白了你的意思，这样他就清楚下一个动作要怎样配合了。
- 动作要同步。这就意味着你和对手的动作要同时。如果你踢向对手，同时他也要顺着你踢的方向跳入水中，那看上去就像是他被你踢翻入水了。时机一定要配合好，这个和特技打斗的其他方面一样，也需要多加练习。

如何接受爵位

你跪在地上，低着头，面前站着一个人，手握一把锋利的宝剑。整个房间一片安静，你在等待着宝剑落下。

听上去很可怕，对不对？不管你相信不相信，这可能是你一生中最荣耀的时刻——接受爵位的日子。如果真是这样，那么站在你面前手举利剑的人就是英国女王无疑了。只要再过一会儿，你就将成为真正的爵士了。

爵位通常会授予那些贡献突出的人，有很多艺术家、音乐家、演员、体育明星、慈善家，以及在自己的岗位上做出了巨大贡献的人都曾获颁爵位。

授爵时刻

你获颁爵位的那一天会举行“授勋仪式”，那是一个非常盛大而正式的仪式，所以事先了解那天你该怎样做是很重要的。

授勋仪式通常都在伦敦的白金汉宫举行，你一定要提前多一点时间到达，带去的观礼者也不要超过3位。

你将会被引领进入宴会厅，和其他的等待授勋者站在一起。所有人都到了之后，女王会在两个士兵的护卫下进入大厅。皇家卫队，也就是女王的保镖，也会在一旁。

接着会奏英国国歌《天佑女王》，然后一位勋爵就会挨个点到被授勋人的名字，并说明他们获得授勋的原因。

我授予你为……

当叫到你的名字时，你要走上前去，跪在女王面前。她站在你面前，将剑身先放在你的右肩，再放在你的左肩，这就叫作“授勋”。把剑放到你肩上的同时，她还会说：“我授予你××（你的名字）爵士称号。”

祝贺你，你现在已经是一位爵士了！这意味着你在写信和电子邮件时，名字后面可以加上“爵士”的称号了，你还可以让其他人，甚至你的父母，都称呼你为“爵士”。

如何做一块巨大的巧克力饼干

如果你爱吃饼干，那你就会发现，好吃的饼干有两个共同点，一是它们都含有大量巧克力，二是它们都非常非常大。

所以，如果你打算自己做饼干，只需要考虑一种就行了，那就是巨大的巧克力饼干。制作饼干快速又简单，哪怕是做巨大的饼干。只要你按照下面的步骤来，马上就能吃到了。

警告：用烤箱的时候一定要戴隔热手套，并且让一个成年人来帮你。

你需要用到以下物品：

- 200 克黄油、135 克细砂糖、150 克红糖。
- 1 小勺香草香精、2 只鸡蛋、250 克面粉。
- 半小勺发酵粉、半小勺盐、150 克巧克力屑。
- 一个大的带边的蛋糕模或烤盘。

具体方法

1 将烤箱预热至 180 摄氏度或煤气调到 4 度。把黄油、细砂糖、红糖和香草香精都放到一个小盆里，然后用一个木勺将它们充分搅拌，搅至细腻柔滑。

2 打入鸡蛋，继续搅拌。

3 再加入面粉、发酵粉和盐，然后再搅匀。是的，这个制作过程中有很多搅拌的活儿，但是做出来的饼干的味道会弥补你手臂受的累。

4 下面，加入巧克力屑，接着搅拌。

5 在你的蛋糕模或烤盘底面涂上一层黄油来润滑防粘，然后将你搅拌好的原料均匀地摊在蛋糕模或烤盘内，做出饼干的形状。如果做得不是很圆也不要紧，它会一样的美味。

6 将它放入烤箱烤 30 分钟，或烤至金黄色，摸上去已经坚硬。不同的烤箱在设置上都会有些不同，所以你要时刻注意着，不要把饼干烤焦了。如果你用的是蛋糕模，那你的饼干在烤制过程中会有轻微的膨胀，所以烤好之后，它看上去就会像是蛋糕和饼干的中和体，一种美味的混合。

7 等饼干凉下来你就可以和朋友们分享美味了。

如何在 10 分钟内收拾好房间

跟着下面的倒数 10 分钟步骤做，你马上就能拥有一个更整洁的房间。准备好了吗？各就各位，预备，开始。

10：把房间里扔得乱七八糟的东西都捡起来，放到地上堆成一堆。

09：挑拣一下这堆东西，把所有的垃圾都扔进垃圾桶。

08：再挑出所有的脏衣服，放进洗衣篮，所有的干净衣服放进你的抽屉或衣橱。

07：如果有漫画书或者你想保留的纸，那就把它们堆好，放到书架或壁橱顶上，或者放进纸盒里。

06：把所有的书和光盘都放到书架上。

05：把所有不属于你房间的东西，比如脏杯子、脏盘子、弟弟的玩具，等等，都放到托盘上，搁在门外，留待以后处理。

04：把你所有的玩具和游戏用品都放到柜子里，如果实在没有地方放，那就将它们整齐地靠墙堆放。

03：把床上的被子铺平拉直。

02：要把所有的抽屉都关上，不要让衣服露出来。

01：最后再看一眼，确保没有漏掉什么地方，然后就可以轻松一下了。搞定！

如何找到尼斯湖水怪

传说中的尼斯湖水怪住在尼斯湖，那是苏格兰北部一个又深又黑的湖。据报道，已经有很多人说看到过它，甚至还有一些人拍到了水怪的照片，虽然没人能确定那些照片中的湖中影像真的是这只著名的怪物还是人为的仿制。跟着下面的方法来，说不定你就成了发现这个神秘怪兽的第一人了。

- 找一艘快艇开到湖上，如果快艇上还配备有声纳装置就更好了。声呐装置可以通过发射声脉冲以及记录它的反射在深水中搜索。如果水怪藏在水下，声呐装置就能帮你发现它。
- 根据尼斯湖水怪专家的研究，这个怪兽主要的食物是鱼，所以你要带几条鱼，如果看到它，你可以给它一些，以示你毫无恶意。
- 随时准备好相机。如果你真的发现了水怪，没有人会相信你的，除非你有照片为证。

如何跳舞耍酷

作为一个样样精通的男孩，时刻保持炫酷是很重要的，尤其是在舞池里炫技的时候。下面是一组简单的街舞动作，可以让你在音乐响起的时候炫酷出彩。

街舞动作

做这组舞蹈动作要一气呵成，动作流畅，看上去如一股波浪穿过你的身体。所以你要将下面这些分解动作放在一起快速流畅地做出来，否则你看上去就会像是一个机器人。

1 站直身体，双脚分开与肩同宽。右臂肘部弯曲，右手手指向下。

2 右手肘部抬起与肩同高，右手向上抬，手指朝天。

3 右手臂伸直，看上去就像是在用手掌向外推东西一样。

4 抬起右肩靠向耳垂，然后放下，同时抬起左肩。现在“波浪”已经穿过了你的身体，你可以把右臂放下，放到身侧了。

5 放下左肩，抬起左手肘部与肩同高，左手手指指向下。

6 平缓地伸出左臂，直到伸直。

7 最后，轻转手腕，使动作结束的时候手指向上。

如何玩“公山羊”游戏

这个游戏非常简单，却能让你看到你的各种感觉不协同工作的时候会有多混乱。它看上去很简单，但其实一点儿也不容易。

怎么玩

1 让你的朋友背对着你坐下。

2 问他“公山羊有几只角？”。

3 伸出右手的几个手指顶着他的背。

4 你的朋友只能用他的感觉，不能回头看，他要说出你在他背后到底伸出了几根手指。

你会惊奇地发现，在这个游戏中大脑非常容易犯错，所以如果你的朋友猜错了也不要笑他。你们可以交换位置玩，你也可以试试这个游戏到底有多难。

如何赚更多的零花钱

不管你父母给你多少零花钱，有一件事是肯定的，那就是它们永远不够买你想要的那些美妙的东西。接着往下读，看看你能怎样去增加口袋里的钱。

最好的办法就是找一些别人愿意付钱让你去做的事。比如，很多成年人都有车，而这些车肯定都需要清洗。这就给你提供了赚钱的机会。

做好计划

- 找准顾客。父母、亲戚、邻居，他们可能都需要洗车。但是你在做事之前首先要征得父母的同意，另外，如果你要出去给别人洗车也要先告诉父母。
- 确定价格。赢得顾客的最好方法就是出的价格比竞争对手低。如果你附近的车行也提供洗车服务，你就要先打听一下他们收多少钱，然后你定一个低一些的价格。

洗　车

你需要用到以下物品：

- 两个桶、一些洗车剂、一块海绵、一个硬刷子。
- 一块麂皮巾、很多水。
- 如果可能的话，找一根自来水管。

警告： 洗车的时候你可能会把身上弄湿，所以最好穿旧衣服，或者在衣服外面套件罩衫。

具体方法

如果你洗得好，大家以后会再找你洗车的，他们甚至会向别人介绍你洗得多干净。下面的 6 个步骤教你怎样把车洗得干净又彻底。

1. 将一个桶里装满温水，再倒入洗车剂搅拌均匀，另一个桶里装满干净的水。
2. 用干净的水冲洗车身，洗去表面的污垢。
3. 将刷子浸入温水桶，然后刷洗车轮。
4. 将海绵浸入温水桶，擦洗车身，擦洗的时候海绵要转圈运动，并且要从车顶开始往下擦。
5. 擦洗结束之后再用干净的水把车子冲洗一遍。
6. 用麂皮巾把车子擦干。

GOOD **小窍门：** 如果你用水管冲洗，会更快更简单。不过在开水管之前先要确保所有的车门车窗都关闭了，你总不想来个水淹汽车吧。

如何做“蛋奶馅饼”扔着玩

没有什么能比食物大战更让人开心更让人激动了，而食物里面就数老式的蛋奶馅饼最好玩了。

好消息就是做蛋奶馅饼一点儿也不难，但是所有的小丑和滑稽闹剧演员都知道，其实电视里演的互扔蛋奶馅饼开玩笑的时候，用的根本不是真馅饼。那些假馅饼扔着很好玩，但是并不能吃。现在就教你怎么做这种假的蛋奶馅饼扔着玩。

你需要用到以下物品：

- 一个搅拌碗、剃须泡沫、黄色的食品颜料。
- 纸盘子。
- 给扔馅饼的人准备的一些垃圾袋或外罩。

具体方法

1 往搅拌碗里喷一些剃须泡沫，再倒入黄色的食品颜料，然后搅拌均匀，这就是你的“蛋奶馅饼”。一定要让所有扔馅饼的人都知道，这种假馅饼是不能吃的。

2 把碗里的黄色泡沫放到纸盘子里，盘边再喷一点白色泡沫做装饰。

3 剃须泡沫虽然很安全，但也可能会有一点点刺激皮肤。所以，为了避免刺激，你可以把这盘泡沫放到一边晾几个小时，让里面的刺激成分挥发掉。

4 到室外的草地上进行你们的馅饼大战，因为剃须泡沫弄到地上会让地面很滑。还要让每个扔馅饼的人都在衣服外面罩上外罩或是大的垃圾袋，不要让馅饼弄脏了衣服。不要太靠近你准备要扔的人。手掌拖住馅饼，保持平衡，然后朝着目标人物扔过去吧。

如何当保镖

保镖的工作充满了危险和刺激，也需要时刻保持警惕。如果你对此感兴趣，也想成为一个没人敢惹的保镖，那照着下面的步骤做就对了。

1 时刻查看周围环境，因为随时随地都有可能发生危险。

2 保镖通常都是又高大又强壮的，所以你需要多做一些俯卧撑，多吃一些蛋白质，让自己尽量高大健壮。

3 总是嚼着口香糖，因为保镖需要表现得坚强又冷酷，这样才能给被保护的人留下好印象，也让其他的人都害怕。同样的道理，你还需要戴一副墨镜，让你的脸上只留下一副冷酷的表情。

4 如果你保护的是一个名人，那要避免他被大群粉丝包围，但是要尽量用和平的方式阻挡粉丝。

5 如果有事发生，一定要尽快护送被保护的人离开。所以不管到哪里，都要先计划好撤离的路线。

6 记住，你的任务是保护好你的目标，而不是去抓坏人。如果有人攻击了你们然后就逃走了，不要追，一定要贴身保护好你的目标。

如何做标准的俯卧撑

俯卧撑是一项非常好的运动，因为它不需要任何器械设备，你可以随时随地做，即使你只能挤出几分钟的时间也没问题，而且它对强身健体也非常有效。

但是，只有在你拥有完美的技巧时它才能算是一项完美的运动项目。掌握了准确的方法，哪怕只做几个，也比用错误的方法做许多个要强得多。

下面的方法就是教你怎样做标准的俯卧撑，从中获得最大的益处。

1 面朝下趴在地板上。

2 双手放在肩下，手掌触地，指尖向前。

3 双脚并拢，脚趾触地。注意，不是脚前掌触地。

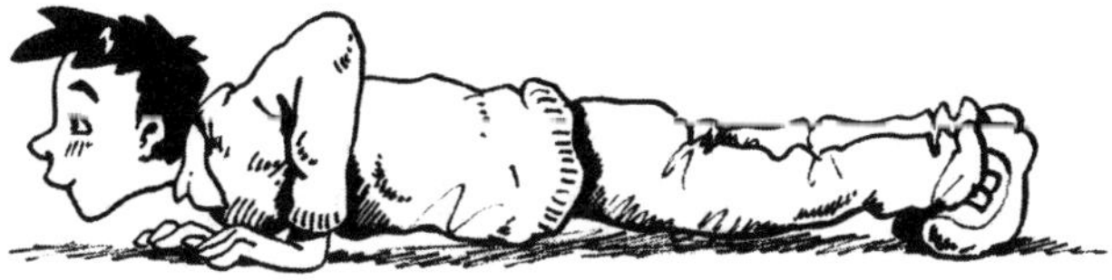

4 双臂用力撑地，抬起身体，手臂慢慢伸直。

5 手肘弯曲，慢慢放低身体，直到胸部几乎贴地。

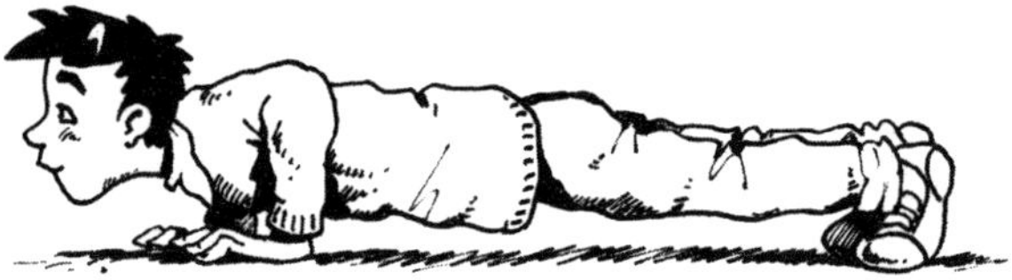

做俯卧撑最关键的一点就是身体一定要伸直。这需要一些练习才能做好，你还要集中精力，不要让屁股撅到半空中，也不要把背弓起来。你可以在镜子前面练习，这样就能随时检查自己的姿势是否标准。

注意：就像做其他运动一样，一定不要过量。开始的时候不要急着去破什么纪录。每天做几个，慢慢练习技巧，然后再逐渐加量。

如何玩恐怖箱游戏

这个恐怖的游戏最适合在万圣节玩了，或者是用来吓唬在你家过夜的小朋友。它恐怖的原因就是人们最害怕眼睛看不到的东西。当你看不到的时候，想象力就会发挥作用。下面就教你做恐怖箱，准保让你的朋友吓破胆子。

你需要用到以下物品：

- 5 个带盖的硬纸盒（鞋盒子就很好）、黑色的纸。
- 白色颜料、一只颜料刷、剪刀、胶带、5 个纸盘子。
- 50 克冷的熟意大利面、一小块假的皮毛、一副橡胶手套。
- 100 克面粉、10 个剥了皮的葡萄、一个小的花椰菜。

具体方法

1 在每个纸盒盖子上剪一个洞，大小可以让人把手伸进去就可以了。

2 装饰一下纸盒子。用黑色的纸把盒子全蒙起来，再用白色颜料画上恐怖的图案，比如蝙蝠。

3 再给每个盒子上的洞剪一块黑纸，大小要能盖住洞口，然后把纸的一边用胶带粘住固定在洞的上方。这样就在洞口形成了一个小盖子，人们可以把手从盖子下面伸进去，但又看不到里面有什么。

4 在每个盒子里放一个纸盘子，也要用胶带将盘子固定在盒底，不要让它移动。

5 现在可以往每个盘子里放你的吓人道具了。第一个盒里的盘子上放意大利面，第二个盒里放皮毛，第三个盒里放剥了皮的葡萄，第四个盒里放花椰菜，第五个盒子里放灌满了面粉的橡胶手套。

6 游戏之前一定要营造好气氛。把灯光调暗，如果你能找到听上去很恐怖的怪异音乐，就放点儿这样的音乐。告诉你的朋友，每个盒子里放的都是你从女巫的洞穴中找到的可怕的东西。

7 大家轮流把手伸进盒子，每次一人，凭手上的感觉猜猜摸到了什么。你就准备好听尖叫声吧！

涵盖了更多的方法和技巧
助你成为样样精通的强大男孩。

学会面对世界的挑战
战而能胜。
无聊不再有，
对手无处寻，

你就是强大的男孩！